黄缘闭壳龟
养殖技术图谱

张景春　张骏韬　编著

HUANGYUANBIKEGUI YANGZHI JISHU TUPU

中国农业出版社

图书在版编目（CIP）数据

黄缘闭壳龟养殖技术图谱 / 张景春，张骏韬编著 . —北京：中国农业出版社，2015.5（2024.10 重印）
ISBN 978-7-109-20342-6

Ⅰ . ①黄… Ⅱ . ①张… ②张… Ⅲ . ①龟科 - 淡水养殖 - 图谱 Ⅳ . ① S966.5–64

中国版本图书馆 CIP 数据核字（2015）第 069246 号

中国农业出版社出版
（北京市朝阳区农展馆北路2号）
（邮政编码100125）
责任编辑 林珠英 张艳晶

北京中科印刷有限公司印刷 新华书店北京发行所发行
2016年1月第1版 2024年10月北京第5次印刷

开本：720mm × 960mm 1/16 印张：10.5
字数：200 千字
定价：78.00元

作者简介

张景春

ZHANGJINGCHUN

1963年3月生，江苏太仓人。1986年毕业于苏州大学。1988年开始从事我国淡水龟种和陆生龟种的养殖和研究，致力于研究龟的生态养殖和疾病防治。现任中国渔业协会龟鳖产业分会副会长、全国黄喉小青种协作委员会主任、太仓市水产协会副理事长、太仓市丰达种龟场场长、太仓市优秀专业技术拔尖人才、江苏省民间发明家。起草制定了苏州市农业地方标准《无公害农产品　黄喉拟水龟养殖技术规程》和《无公害农产品　黄缘闭壳龟养殖技术规程》。拥有“新型生态水龟池”等10项专利。出版专著《实用高效养龟技术》《养龟与疾病防治》《绿毛龟》《黄喉拟水龟养殖技术图谱》，创建国内首屈一指的大型园林化生态养龟场。太仓丰达种龟场，是目前国内规模较大的绿毛龟、黄喉拟水龟和黄缘闭壳龟培育基地。

联系电话：0512-53530925　53402535　13962609182

网址：www.feng-da.com

邮箱：web@feng-da.com

前　言

PREFACE

缘起·缘情

年轻的生命喜欢在春天里漫游。

1991年，我到无锡春游，在太湖附近某宠物市场，第一次看到一种奇特的龟：龟的背甲高高隆起，呈半球形，腹甲似铰链上下可开可关，四肢、头颈和尾巴缩入龟甲，背腹甲完全闭合如盒状。店主介绍说，这是黄缘闭壳龟，又名克蛇龟、夹板龟，庭院中养此龟，蛇不敢来。我好奇地将龟托在手上，掂掂重量，1斤多，左看右看，爱不释手。问问价格，100多元。好贵啊！当时我1个月的工资才150多元。此时，我身边已围了七八人，一起看龟议龟。有位老人说：“克蛇龟以前我们无锡山上也有，现在几乎没有了。民间有个偏方，选20年以上的野生克蛇龟，烘烤后磨成粉，与糯米粉、藕粉等和成丸食用，可以治疗白血病。”说者无心，听者有意，当再次听到让人心痛的“白血病”三个字，我心头一颤，毅然高价买下一对黄缘闭壳龟种龟，因为我又想起了他——

5年前（1986年），我初为人师。他是班上最后来报到的，由母亲陪伴而来。他身材瘦削，脸色苍白，那渴望读书的坚定眼神让人难以忘怀。报名后，他没有上过一堂课。我去医院看望他时，他倚靠在病床上，正轻轻地吟诵朱自清的《荷塘月色》：“正如一粒粒明珠，又如碧天里的星星，微风过处，送来缕缕清香……”见到我，他焦急地问：“老师，新课上了多少，我能不能赶上同学？我想早点上学，我想念书！”望着他焦急的模样，不善言辞的我只能说几句安慰的话。

在医院的走廊里，他的母亲噙着泪道出实情：她儿子患的是白血病，治好的希望很渺茫。我天真地以为病情不会那么严重，我不相信这么年轻的生命不久就要消逝。

他的病情反复无常，需要长期治疗和休息，他休学了。此后，我与他有过几次书信往来，他在信中写到："当我知道自己的病情，当我听到医生劝我不要读书时，我的心灵受到了沉重打击……我只能和病友们打牌、下棋，来消磨痛苦难熬的日子。但在我的心底，始终有着一个信念：'要念书！'可是身体很虚弱，恐怕病情又要复发了。我心中十分苦闷、焦急。老师，您说我该怎么办啊？"我能做什么呢？给予他的唯有安慰与鼓励。

三年后，一封不平常的来信，使我的心海翻起了巨浪，我彻夜未眠。他那高高的、清瘦的身子，他那坚定的、渴望读书的眼神，始终浮现在我的眼前，挥不去，抹不掉。我仿佛听到了他姐姐哽咽的声音："他对生活没有过多的渴望，他只想平静的学习，平凡的生活，可是他连这点微薄的权利也被剥夺了……病魔如此残忍地折磨着他，他无声无息地离开了他留恋的世界，离开了他至爱的亲人。我想他一定很痛苦，可是，有什么办法呢？只怪目前医疗水平不发达，这就需要你们教师为祖国多培养优秀人才。我渴望在不远的将来，祖国出现许多杰出的医学家，能够挽救无数像我弟弟一样的年轻的生命……"

我满怀愧疚，我是多么愚蠢！我竟然只相信直觉，不了解真相。假如我知道他病入膏肓，我一定会去看望他，一定会组织学生去看望他，虽然我无力挽救他的生命，但至少在他弥留之际多给他一点关怀，一丝温暖。他是一颗流星，划过天幕，飘然而去。十九岁的人生太短，太短！他坚定执着的眼神，是一道永不消逝的光芒，一直在我眼前闪烁。

民间偏方，真假难辨，但我宁可相信这个偏方是有效的，渴望黄缘闭壳龟真的能治愈白血病！至于黄缘闭壳龟能否治疗白血病，我无力验证，我能做的只是尝试人工繁殖。若能保护这濒危物种，使龟的种群得以大量繁衍，为未来龟的药用价值开发提供种源，那也是功德无量的事业。在以后的几年里，我借款数万，赴皖南山区采购黄缘闭壳龟，在农村老宅的庭院里养殖。急切盼望种龟早点产卵，孵化龟苗。

在家养环境下，由于饲养面积小，密度高，黄缘闭壳龟有食卵现象。雌龟在产卵场沙土上挖穴、产卵，别的龟在卵穴旁守候，待雌龟产下卵，即一口咬住叼走，甚至引得数龟争抢。

为了解决黄缘闭壳龟食卵的难题，为了发展养龟事业，2000年我们开始建设生态种龟场。黄缘闭壳龟种龟池面积50～200平方米不等，龟池内有产卵场、食料场、龟窝、水池、花草和树木等，黄缘闭壳龟在池中如同生活在大自然的怀抱中，很快恢复了野性，健康、活泼和生猛。然而，人类的善举并非完全科学有效。生态池中的种龟，并不乐意在有遮雨棚的产卵场上的沙土上产卵，它们喜欢在枯叶下、花草下、树根旁挖穴、产卵。一次台风暴雨来临前夕，我和爱人双膝跪在池中的花草地上，一寸一寸地细心寻觅龟卵，直到暴雨倾泻才收工。3个多小时，我俩收到近百枚龟卵。她头发沾上了枯叶，额角和脸颊蒙上了灰土，舒心的微笑掩饰不住着她内心的狂喜，仿佛捡回了一个十世单传的婴儿。

闲暇之际，我喜欢静静地坐在池边，观察黄缘闭壳龟的习性。养龟人要做的是遵循自然法则，探寻龟的自然密码，不断优化龟池结构，为龟创建最佳的生存环境。

20多年过去了，我们经历了“人养龟”——“龟养龟”——“龟养人”的创业历程。黄缘闭壳龟种龟由几十只扩展到上千只，累计繁殖龟苗1万多只，是龟给我们带来丰厚的财富。然而，财富、名利、地位与健康、生命相比，显得微不足道。身为普通的中学老师，生命中没有奇迹与伟绩，只是怀揣着良心、爱心和责任心，辛勤耕耘，平凡生活，日复一日，年又一年。老师心中充满阳光，才能把欢乐播撒给学生。

今天的我依然在中学任教，韶光易逝，学生对我的昵称由“春哥”变成了“春爷”。面对的是青春的笑脸，没有尘世的尔虞我诈。生活很美好，但生命很脆弱，疾病和意外灾祸随时会剥夺我们对美好未来的渴望。憧憬未来，把握今朝。把生活中的每一天当作人生的第一天，把生活中的每一天当作生命的最后一天。做自己想做的事，做自己能做的事，做自己该做的事。

工作时间，兢兢业业；业余时间，与龟为伴。我梦见我的龟园辽阔无际，分布着数十个营阵。每个月装甲兵团举行誓师大会，我的龟孙子们齐声高呼：为了人类的健康，粉身碎骨，在所不惜！它们排着队，雄赳赳，气昂昂，跨上跳板，爬上汽车，钻进货箱，奔赴制药厂。梦醒时分，我又想起了他——

张振阳，小兄弟，我时常想起你。只是缘分太浅，阴阳两隔。你身患绝症，与病魔抗争，你勤奋好学，意志顽强。与你的短暂相识，影响了我漫长的人生。想起了你，我不再有想不开的事，过不去的坎。待我完成了使命，我去探望你。在瑶池边菩提树下，我和你共赏荷花，一起吟诵：曲曲折折的荷塘上面，弥望的是田田的叶子。叶子出水很高，像亭亭的舞女的裙。层层的叶子中间，零星地点缀着些白花，有袅娜地开着的……

张景春

2015年8月

目 录

CONTENTS

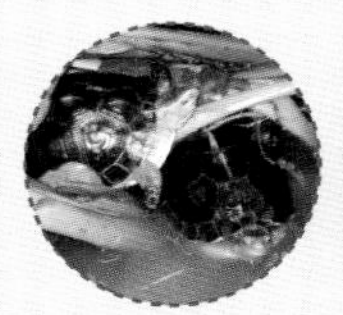

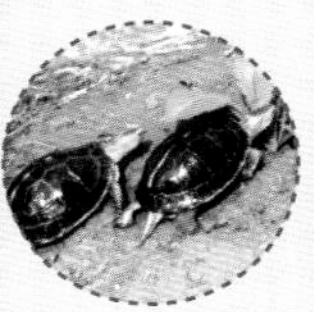

第一章

概述

GAISHU

一、黄缘闭壳龟——“源远流长”

黄缘闭壳龟，别名黄缘盒龟、断板龟、夹板龟、呷蛇龟、克蛇龟、金头龟和驼背龟等。

我国古籍中有很多关于黄缘闭壳龟的记载，在不同历史年代、不同地理区域，黄缘闭壳龟有不同的名称。“摄龟”最早见于我国的辞典《尔雅》：“一曰神龟，二曰灵龟，三曰摄龟，四曰宝龟，五曰文龟，六曰筮龟，七曰山龟，八曰泽龟，九曰水龟，十曰火龟。”

为何叫摄龟？按清代《尔雅义疏》解释，“摄犹摺也，也犹折也，言能自曲、折解、张闭如摺叠也”。东晋郭璞《尔雅注》记载：“摄龟，小龟也。腹甲曲折，解能自张闭，好食蛇，江东人为陵龟。”

《尔雅注》中的江东，是三国时吴国孙权统治的地区。由于黄缘闭壳龟主要分布在皖南的山陵地区，江东人称之为“陵龟”。

唐代《唐本草》记载：“鸯龟腹折，见蛇则呷而食之，荆楚之间谓之呷蛇龟。”沈括《梦溪笔谈》记载：“此龟啖蛇，蛇甚畏之。庭槛中养此龟则蛇不复至。以至园圃中多畜之，大能辟蛇。”因为黄缘闭壳龟能张开龟甲夹住蛇身，并且把蛇吃掉，民间称之为呷蛇龟、夹蛇龟和克蛇龟。

我国历史上最早描绘黄缘闭壳龟形象的书画作品，当属五代时的宫廷画师黄筌的《禽虫图》。画中共画了24只小动物，其中，有1只龟的背甲高高隆起，呈半球形，棕红色的背甲，背脊上有条黄线，头背橄榄绿色，眼后有1条黄色条纹，这无疑是黄缘闭壳龟。由于黄缘闭壳龟造型奇特而优美，古人也将它作为宠物来饲养观赏。

呷蛇龟 《本草纲目》

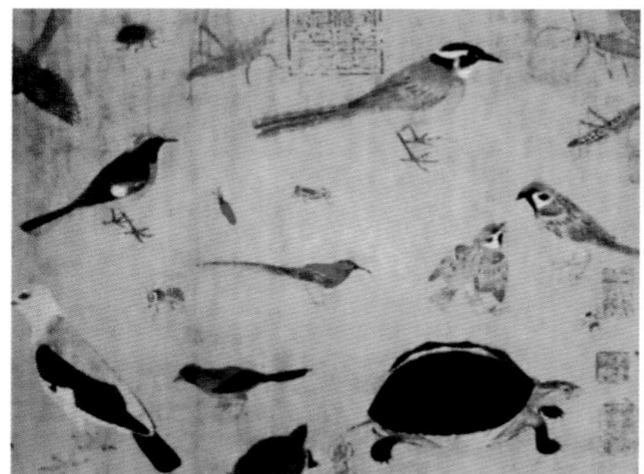

黄筌《禽虫图》（局部）

二、黄缘闭壳龟的发展前景

由于黄缘闭壳龟具有观赏价值、食用价值、药用价值和科研价值，社会需求量大，龟的种源少，养殖前景广阔。

1. 观赏龟中的“新秀” 黄缘闭壳龟具有形态美、色泽美、胆子大、聪明活泼、容易驯熟、与主人互动性强的特点，将黄缘闭壳龟作为家养宠物的人越来越多。

2. 适宜养殖黄缘闭壳龟的地理区域广 在辽阔的华夏大地上，除了高寒地区、沙漠地区，很多地方都能养殖黄缘闭壳龟。黄缘闭壳龟属群居性，养殖面积小，无论是山区还是平原，农村还是城市，一般家庭都能养殖。

3. 黄缘闭壳龟容易养殖 黄缘闭壳龟抗病力强，生长速度较快，杂食性，食物品种多，饲喂容易，对环境要求不高。

4. 自然界中黄缘闭壳龟种源趋于枯竭 安徽、湖北等地区将黄缘闭壳龟列为省级野生动物保护物种，建立自然保护区，禁止捕捉野生黄缘闭壳龟。

5. 人工繁殖黄缘闭壳龟幼苗数量少，供不应求 国产龟当中，黄缘闭壳龟的养殖数量比乌龟、中华花龟、黄喉拟水龟少得多，甚至比三线闭壳龟还要少。据专家统计，目前，我国黄缘闭壳龟的种龟数量在2万只左右，年繁殖的幼苗不到2万只。繁殖成功的养殖场大多出售少量幼苗，部分自己留种，扩大黄缘闭壳龟的养殖规模。投放到市场的幼苗很少，健康的有繁殖能力的种龟更少。

6. 黄缘闭壳龟是目前热门的养殖品种 2014年下半年，国内市场龟价波动很大。低档次的龟种如乌龟、彩龟、中华花龟、鳄龟等价格暴跌，养殖户仅获微利乃至亏损。国产的高档龟种中，三线闭壳龟因前几年已大幅度上涨，2014年没有大幅度上涨；而潘氏闭壳龟、金头闭壳龟、百色闭壳龟的价格上涨1倍。金头闭壳龟和百色闭壳龟是龟中极品，10～15克的幼苗市场售价13万～16万元，1只种龟售价50万～100万元，曲高和寡，一般养殖户望尘莫及，很多养殖户把目光投向有升值空间的黄缘闭壳龟。由于黄缘闭壳龟（安徽种）种源少，供不应求，2014年下半年，价格比2013年暴涨1倍多，种龟价格每500克1.5万～2万元，幼苗3 500～3 800元。

7. 养殖黄缘闭壳龟经济效益好 1只健康的黄缘闭壳龟雌龟，一般年产卵1～2次，产卵4～8枚，平均年繁殖幼苗4～6只，经济效益可观。

8. 黄缘闭壳龟的药用价值有待开发 野生黄缘闭壳龟吃各种小昆虫，最奇特的是有克蛇神功，能杀死毒蛇，将其撕咬成块而吞噬，而且寿命可达80～100年。据专家研究，黄缘闭壳龟身上具有长寿基因，如果将黄缘闭壳龟的长寿基因应用于人体领域，前景将十分宽广。民间用黄缘闭壳龟做药材治病的偏方是否有科学依据，有待科学家们的进一步研究。如果黄缘闭壳龟在生物医药领域的研究与应用得到突破，社会需求量会大增，黄缘闭壳龟繁殖率不高，龟价必然会上涨。养龟行业部分专家预测，未来几年黄缘闭壳龟价格将会上升，养殖黄缘闭壳龟有辉煌的前景。

第二章

外形特征

WAIXING TEZHENG

一、基本特征

黄缘闭壳龟背部棕红色，有1条浅黄色脊棱。背甲高高隆起，每枚盾片均有疣轮及平行于疣轮的清晰的同心纹。脊棱明显，侧棱不明显。颈盾大，前窄后宽，呈梯形。椎盾5枚，通常宽大于长。肋盾4对，宽大于长，一般比相邻的椎盾宽。缘盾12对，除第1对外，均为长方形。

腹部棕黑色，腹甲的外缘与缘盾的腹面为米黄色，因而得名。腹甲平，椭圆形，前缘圆或微凹，后缘圆。背腹甲以韧带相连，腹甲前后两叶亦以韧带相连，可分别向上关闭背甲，头、颈、四肢及尾可缩入壳内，得以保护。各盾片同心圆纹明显。喉盾最小，三角形。肛盾大，菱形，有一不达末端的中央缝。甲桥不明显。各腹盾缝长依次为腹盾缝＞胸盾缝＞喉盾缝（或肱盾缝）＞肱盾缝＞股盾缝。

头背光滑，呈橄榄绿色，吻端柠檬黄色，上喙钩形。眼睑和鼓膜黄色，瞳孔黑色。眼角向后，沿头背两侧各有1条金黄色条纹，由细变粗延伸至头背后部，呈L形条纹，左右条纹不相遇。头侧及颌颈部橘黄色或橘红色。

四肢背面棕黑色，腹面浅灰棕色。 四肢略扁，前肢有较大鳞片，指、趾间有半蹼，前肢5趾、后肢4趾。

尾短，尾基部和股后有疣粒，尾背有1条黄色纵纹。

外部形态名称

1. 头部　2. 躯干　3. 前肢　4. 后肢　5. 尾巴

背　　甲

1. 缘盾　2. 肋盾　3. 椎盾　4. 颈盾　5. 臀盾

腹　　甲

1. 喉盾　2. 肱盾　3. 胸盾　4. 腹盾　5. 股盾　6. 肛盾　7. 韧带

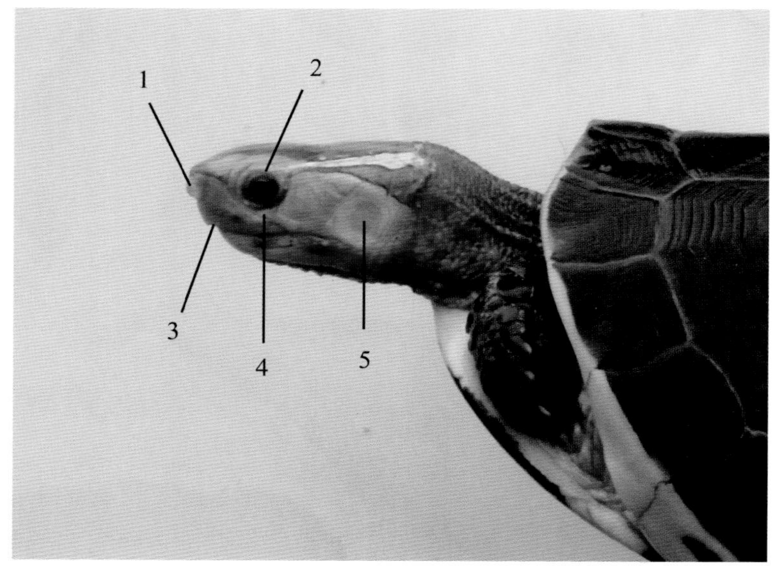

头　部

1. 外鼻孔　2. 上眼睑　3. 喙　4. 下眼睑　5. 鼓膜

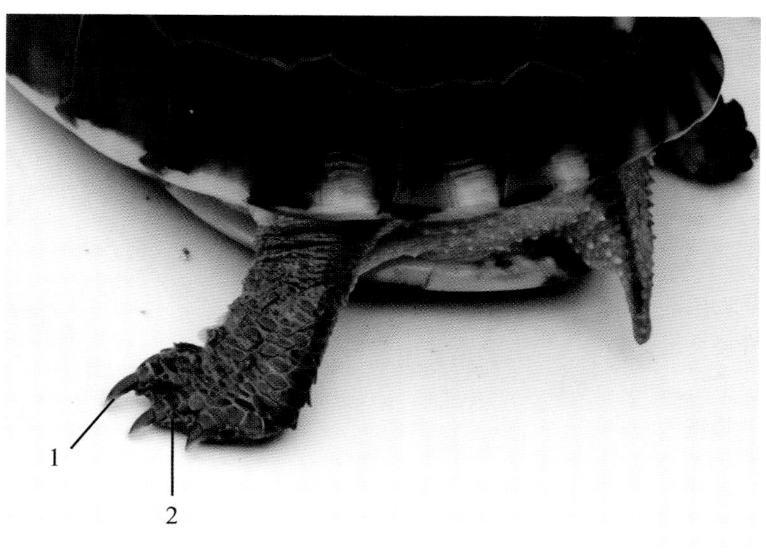

爪　部

1. 趾　2. 蹼

二、个体形态差异

谈到黄缘闭壳龟，网络上热门的词语是“安缘”“台缘”“安徽种”“皖南种”“湖北种”“浙江种”等，以行政区域名称来命名动物品种是不科学的，其实包含了商业炒作的嫌疑。物种的命名是个严肃的课题，是由专门从事该物种研究的权威机构或权威专家来鉴定命名。

2013年出版的《中国龟鳖分类原色图谱》（周婷，李丕鹏编著），将黄缘闭壳龟分为黄缘闭壳龟指名亚种和黄缘闭壳龟琉球亚种。黄缘闭壳龟指名亚种分布于我国安徽、浙江、江苏、湖北、湖南、重庆、河南、福建、江西和台湾；黄缘闭壳龟琉球亚种仅分布于日本。按照周婷和李丕鹏两位专家的观点，“安徽种”“台湾种”都属于黄缘闭壳龟的1个种。

我国幅员辽阔，黄缘闭壳龟分布区域比较广，南到台湾，北到河南，分布范围之广，在国产龟中仅次于乌龟和黄喉拟水龟。也有一些专家、学者提出，将我国的黄缘闭壳龟分成“北缘”和“南缘”。纬度28°以南地区的野生或人工饲养的本地黄缘闭壳龟统称为“南缘”；纬度28°以北地区的野生或人工饲养的本地黄缘闭壳龟统称为“北缘”。

物竞天择，适者生存。分布在不同地区的黄缘闭壳龟，适应了栖息地的地理环境，才得以生存和繁衍。栖息地的地形、土质、水质、气候、植被和饵料种类等不同，黄缘闭壳龟的形态、体色略有差异。民间将产于安徽地区的黄缘闭壳龟简称“安缘”；将产于中国台湾的黄缘闭壳龟简称“台缘”。我国各地的黄缘闭壳龟中，安徽种与台湾种的对比性最强。

1. 安徽种与台湾种的特征

（1）从体型上区别　安徽种体型略短，背甲高，椭圆形，背部隆起的最高点靠近尾部，从侧面看大多呈半球形，脊棱突出，脊棱上的黄线前后大多连续不断。

安徽种背高

台湾种体型较长，背甲较平，背部隆起最高点在中部，与安徽种比较起来体型狭长和扁平，脊棱不明显，脊棱上的黄线不连续，间隔较大。

（2）从背甲颜色和年轮上区

台湾种体型长

有的台湾种背脊黄线不连续

有的台湾种背脊没有黄线

安徽种（上）、台湾种（下）

别　安徽种背甲盾片颜色深棕红色，色泽一致。年轮细密，似红木雕刻的工艺品，显得古朴厚重。

台湾种背甲盾片颜色偏暗，大多黄褐色，背甲盾片中央有1块“玫瑰红”嵌入色。整个背甲颜色反差较大，年轮稀疏。

台湾种背甲颜色偏暗

安徽种背甲盾片年轮细密

（3）从头部上区别　安徽种头部较小，嘴形似鹰嘴，上缘钩曲，鼻尖距嘴尖较短；台湾种头部相对较大，上缘没有钩曲。

安徽种幼苗上喙钩曲鲜明

安徽种头部

台湾种上喙鹰钩不明显

（4）从头颈部等颜色上区别　安徽种头背橄榄绿色，绿中透黄，头背两侧的条纹金黄色，头侧及颌颈部橘黄色或橘红色；台湾种头背浅灰色，头背两侧的条纹黄绿色，头侧及颌颈部淡黄色。

安徽种头背两侧的条纹金黄色

台湾种头背两侧的条纹黄绿色

安徽种颌颈橘红色

安徽种脖颈橘红色

有的台湾种脖颈浅黄色

有的台湾种脖颈灰黑色

台湾种后肢内侧皮肤浅黄中带青色

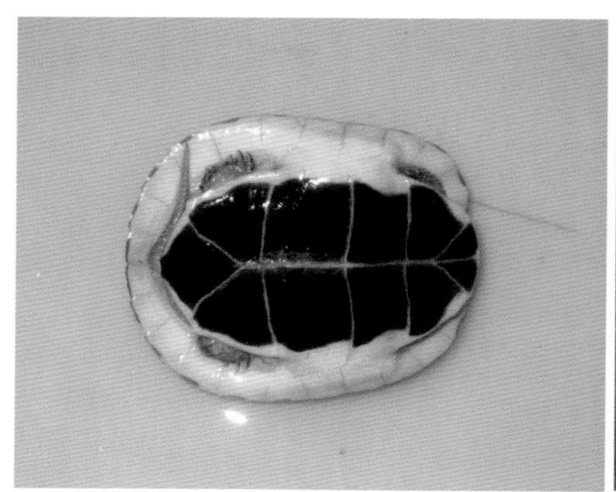

安徽种幼苗缘盾腹面及腹甲边缘深黄色

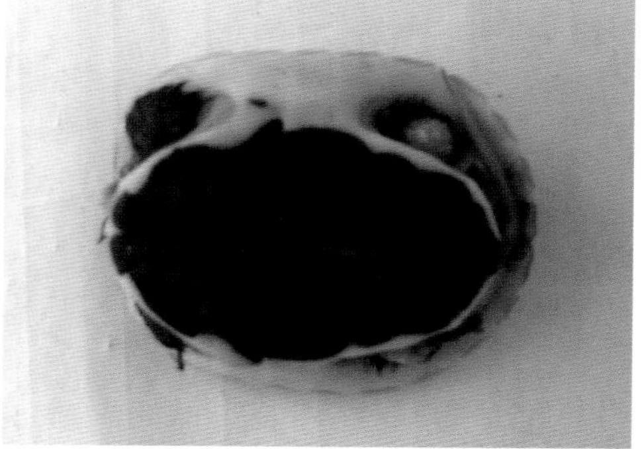

台湾种幼苗缘盾腹面及腹甲边缘浅黄中带青色

（5）从眼睛上区别　安徽种瞳孔黑色，瞳孔周围虹膜为棕色，与眼睑的颜色对比鲜明；台湾种瞳孔及其周围的虹膜颜色接近黄色，与眼睑颜色比较接近。

以上比较不完全准确，安徽种中有的龟体型偏长，背不高，脖颈不红；而台湾种中有的龟背高，脖颈红。

安徽种眼睛

台湾种眼睛

2. 老龄龟的形态特征

在动物界，黄缘闭壳龟算是长寿动物。在自然环境下，生长速度慢，性成熟晚，繁殖年限长，50～60年的龟还有繁殖能力。但是老龄龟体能差，抗病力弱，行动迟缓，饲料吃得少，产蛋数量少，受精率低。外表形态上看，背甲、腹甲伤残多，盾片磨破甚至脱落；盾片上的条纹（年轮）模糊不清，盾片没有光泽；盾片之间的交接缝变宽变深，成沟状；韧带松弛无力或者韧带断裂，腹甲前后两叶开闭困难。

健康的青壮年黄缘闭壳龟，反应灵敏，爬动生猛有力，没有伤残，盾片有光泽，盾片上的条纹清晰，韧带有力，腹甲能完全闭合。

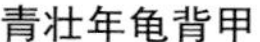

青壮年龟背甲

青壮年龟腹甲

老年龟背甲

老年龟腹甲

老年龟龟甲有伤残

3. 温室龟的形态特征

有些养殖户将黄缘闭壳龟的稚龟、幼龟在温室中恒温饲养，龟的生长速度加快了，但龟的形态、体色发生了变化，与在自然温度条件下生长的龟有明显的差别。

温室龟背甲盾片上的条纹很宽，背甲盾片棕黑色，没有光泽。背甲不高，体型较扁，接近水龟体型。腹甲边缘和缘盾腹面白中带青色。头部两侧的条纹和喉颈部的皮肤为淡黄色。

自然温度生长和冬眠的幼龟，背甲棕红色

经过冬季加温饲养的幼龟，背甲棕黑色

加温饲养的龟，腹甲边缘和缘盾腹面白中带青色

在人工养殖条件下，即使不加温饲养，由于饵料充足，营养丰富，黄缘闭壳龟生长速度快，背甲盾片上的年轮宽；仿生态养殖的黄缘闭壳龟，背甲较高。如果长期在小容器或水泥池里养，黄缘闭壳龟背甲大多不高，有的扁平，似水龟体型，缺乏美感。

背甲盾片年轮宽

太仓丰达种龟场生态养殖的黄缘闭壳龟，背甲较高

台湾种温室龟

第三章 经济价值

JINGJI JIAZHI

黄缘闭壳龟是我国古老的珍稀龟种，不仅具有观赏价值，而且具有药用价值和食用价值，自古以来一直受到人们的青睐。

一、观赏价值

咏黄缘闭壳龟

（作者：阿升）

现迹远古洪荒，曾与恐龙为伴。
历经冰河暖涌，唯余不变真身。
今存东亚陆岛，隐匿高山溪林。
传有克蛇神功，兼备水旱两栖。
檀雕紫棕背甲，闭御来犯之敌。
橙面金头惹眼，黄脊黄缘称奇。
聪明灵巧胆大，耐寒耐渴耐饥。
粗食精饲皆可，不拒荤素筵席。
久养必定生情，识主互动积极。
健康少病无忧，怡神养性不虚。
彰显民族文化，堪举国色第一。
宠龟群中至宝，可伴终生有余。
君求君藏君爱，勿忘繁衍生息。
保育存根沃土，共维自然绵继。

黄缘闭壳龟种龟

网名“阿升”的龟友，以高度凝练的诗句，形象地概括了黄缘闭壳龟的特性，抒发了对黄缘闭壳龟的喜爱之情，也希望龟友们从事繁殖，让黄缘闭壳龟的种群在中华大地上生生不息。

（1）独特的造型　黄缘闭壳龟是观赏龟中的珍品，首先是因为它有独特的造型。背甲高高隆起，有的呈半球形；腹甲平坦，前后浑圆，腹甲前后两叶均可以闭合于背甲，呈盒状，故有“黄缘闭壳龟”之名。

有的黄缘闭壳龟呈半球形

（2）靓丽的色彩　棕红色的背甲泛着光泽，黄色脊棱贯通前后；黑色的腹甲，浅黄色的腹甲边缘和缘盾腹面呈环状；橄榄色的头顶，橘红色的颌颈和喉脖，头背两侧镶有金黄色的条纹，众多色彩搭配得完美无缺。

安徽种头背两侧镶有金黄色的条纹

（3）精美的花纹　背腹甲盾片上的同心环纹细密而且清晰，脊盾像八卦形，肋盾的立体感最强，同心环纹细密排列，下大上小层层收缩，罗列上去，像紫檀雕刻的塔形浮雕，古典雅致，精妙绝伦。

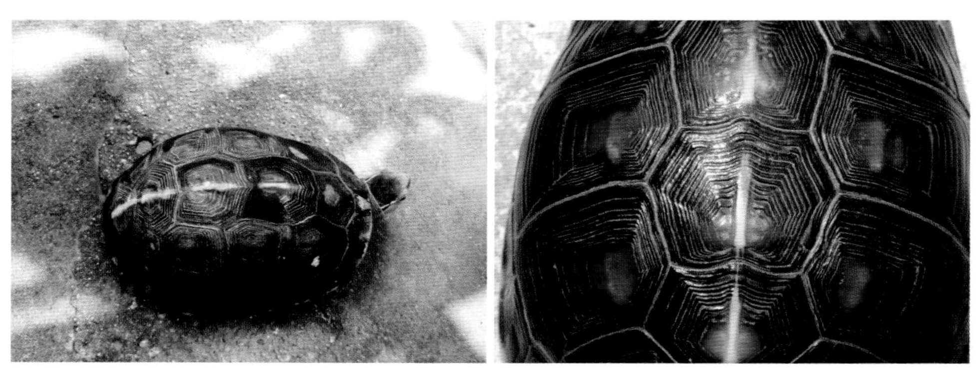

脊盾像八卦形

肋盾的立体感最强

除此之外，黄缘闭壳龟胆子大，活泼好动，容易与人亲近，互动性好，也是人们选择它做观赏宠物的原因。

黄缘闭壳龟幼龟玲珑可爱

二、食用价值

黄缘闭壳龟有很好的食用价值，龟肉营养丰富，肉质鲜美，富含蛋白质、维生素和人体必需的多种氨基酸，具有滋补强身和解毒功能，是延年益寿的高级滋补食品。民间传说黄缘闭壳龟有滋阴壮阳作用，我国南方某些地区的人们喜欢用黄缘闭壳龟（尤其是雄龟）配以中药材煲汤。

三、药用价值

黄缘闭壳龟还具有极高的药用价值，尤其是龟甲和骨髓中含有造血细胞和人体必需的多种微量元素。龟甲、龟肉、龟血、龟卵和内脏均可入药，具有增强免疫力、活血化瘀和解毒抗癌作用，可以治疗跌打损伤、伤口溃烂、喉疾肿痛、肝硬化和阳痿等疾病。龟板制成龟板胶，是高级滋补品，能滋阴潜阳、强健腰骨，对健忘失眠、腰酸膝软、虚劳体弱和妇女阴亏等多种疾病有一定的疗效。

苏州某制药厂用黄缘闭壳龟制成的断板龟片和断板龟注射液，主治各种结核病、痔瘘出血、慢性骨髓炎和腰膝萎弱等，并对化疗引起的白细胞下降有助升作用，是治疗癌症的辅助药物。

四、食用方法举例

1 清蒸龟肉

原　料　黄缘闭壳龟1只（500～1 000克），猪小排250克，桂圆肉50克，红枣20克。姜、葱、盐、油、料酒和味精适量。

制作方法　①将龟宰杀，龟肉和猪小排洗清斩块，下油锅走油。
②将走过油的龟肉和猪小排放入碗中，加适量清水，置于锅内，用文火蒸2小时左右，加入桂圆、红枣和料酒。

主要功能　滋阴补肾，养血补气。适用于食欲不振、腰膝酸软、体虚盗汗和阳痿遗精等症。

2 枸杞龟汤

原　料　成体黄缘闭壳龟1只，枸杞子100粒，葱、姜、油、盐、料酒和味精等适量。

制作方法　将龟宰杀洗清，龟肉切成小块，同心、肝、胃、肠一起放入锅内，加适量清水，用文火煨煮，待龟肉煮熟后加枸杞子和调料。

主要功能　滋肾补虚，益精明目。适用于病后体弱、气血不足、神经衰弱和肾虚腰疼等症。

3 玉米须龟肉汤

原　　料 黄缘闭壳龟龟肉250克，玉米须200克，葱、姜、油、盐、料酒和味精等适量。

制作方法 将龟宰杀洗清，龟肉切成小块。将玉米须洗清，用纱布包扎，同龟肉一起放入锅中煮。将龟肉煮熟，捞出玉米须，加入调料即成。

主要功能 滋阴，利尿，消肿，止渴。适宜于糖尿病、高血压和口渴神倦等病症者食用。

4 虫草炖金龟

原　　料 成体黄缘闭壳龟1只，冬虫夏草10克，猪瘦肉200克，蜜枣30克。猪油、姜片、葱段、食盐、味精和料酒等适量。

制作方法 ①将龟宰杀洗清，龟肉切成小块，下油锅走油后捞出。
②将猪瘦肉切片走油，捞出，同龟肉一起装入碗中，猪肉装在底部，龟肉盖在上部，用文火炖2小时。
③在碗中加入冬虫夏草、蜜枣和调料，再炖 1 小时即成。

主要功能 补虚益气，健肾壮阳。适用于阴虚潮热、肾虚遗精、肺结核咯血和病后体弱等症。

5 龟肉茯苓汤

原　　料 黄缘闭壳龟龟肉250克，茯苓100克，枸杞子50粒，桂圆肉30克。葱、姜、油等调料。

制作方法 将龟肉切成小块，洗清入锅，加适量清水，用文火煮 2 小时，加入茯苓、枸杞子、桂圆肉和调料，再煮30分钟即可。

主要功能 健脾益肾、清热解毒。

6 龟肉猪肚汤

原　　料 黄缘闭壳龟龟肉200克，猪肚250克。葱、姜、油、盐、味精和料酒等调料适量。

制作方法 将龟肉切成小块，猪肚切片，洗清后入锅，加适量清水同煮，煮熟后加入调料，稍煮片刻即成。

主要功能 滋阴养颜，健脾胃。适用于胃炎及十二指肠溃疡等病症。

7 龟肉百合汤

原　　料 黄缘闭壳龟龟肉200克，百合50克，红枣20枚，糖20克。

制作方法 将龟肉切成小块，洗清入锅，加清水适量，用文火煮2小时，加入百合、红枣、糖，再煮20分钟。

主要功能 滋肺补肾，消热止咳。适用于焦躁不安、心悸失眠和低热干咳等症。

8 参　龟　汤

原　　料 黄缘闭壳龟1只，党参10克，枸杞子10克，制附片10克，当归10克，冰糖、黄酒、葱、姜、熟猪油各适量。

制作方法 ①将龟宰杀后，去内脏，龟肉切成小块，洗清后备用。把党参、枸杞子、制附片和当归用水洗净。

②锅置于旺火上，放入熟猪油，烧至八成热时，放入龟肉煸炒，加入适量黄酒，然后再装入砂锅内，放入冰糖、党参等药材、葱段、姜片，清水适量，先用旺火烧开，改用小火炖烂，拣去药材、姜片即可食用。

主要功能 滋阴补血，补胃壮阳。

第四章

生态习性

SHENGTAIXIXING

一、栖息环境

在自然界中，黄缘闭壳龟多见于山区、丘陵的树林边缘和杂草、灌木丛中，活动区域离水源不远，常在池塘、小溪边出现，白天躲藏在树根下、草丛中、石缝中等阴暗、安静的地方。下雨天，黄缘闭壳龟异常兴奋，在雨中爬行觅食。黄缘闭壳龟有群居习性，多个龟栖息于同一个洞穴中。其活动规律随季节而变化，6～8月高温季节，白天躲在阴凉地方，早晚活动频繁，黑夜大多静卧不动；4～5月和9～10月，早晚气温低，活动少，中午前后温度高，活动多，深夜几乎不动；在长江流域的11月至翌年3月，气温降至12℃以下，进入冬眠。冬眠地选择在向阳山坡上的草丛中、枯叶下，或者是有枯草、枯叶覆盖的松土中。

野生黄缘闭壳龟的栖息环境

春季黄缘闭壳龟出窝晒“日光浴”

黄缘闭壳龟在青草丛中

温度高时黄缘闭壳龟躲在草丛中

黄缘闭壳龟在树荫下休息

黄缘闭壳龟喜欢在清水中

黄缘闭壳龟在枯叶下冬眠

二、食性与生长

黄缘闭壳龟是杂食性动物，食物以动物性饵料为主。在野生条件下，喜欢吃蚯蚓、黄粉虫、蜈蚣、金龟子、蜗牛、壁虎、蟋蟀和幼蛇等动物性饵料；当动物性饵料缺乏时，也吃一些植物性饵料，如番茄、草莓、杨梅、香蕉、胡萝卜、西瓜和南瓜等瓜果。

黄缘闭壳龟摄食的温度为20～35℃，最适宜摄食温度范围为26～33℃。气温高于35℃和低于25℃，摄食量减少，20℃以下基本不摄食。

在野生条件下，黄缘闭壳龟生长速度缓慢，从幼苗长到成龟（有繁殖能力）需要10 多年。原因有二：一是黄缘闭壳龟爬行速度慢，摄食量不足，常处于半饥饱状态；二是每年的摄食季节短，因而龟的生长季节短。在长江流域，3月中下旬黄缘闭壳龟从冬眠中醒来，爬出窝，少量活动，但是由于气温低，不摄食；要过1个月，在4月中下旬才少量摄食；5～8月摄食量最大，是生长旺季；9月开始食量逐渐下降；10月中旬基本停止摄食。由于生长速度慢，龟背甲盾片年轮细密。

野生黄缘闭壳龟背甲盾片年轮细密

黄缘闭壳龟别名克蛇龟，因为野生黄缘闭壳龟有克蛇“神功”。论爬行速度，黄缘闭壳龟不是蛇的对手，但是黄缘闭壳龟可以机智地用引诱和伏击的方法将蛇杀死。当黄缘闭壳龟看到蛇游过来时，它张开腹甲，散发腥味，当蛇的头伸进龟甲时的瞬间，腹甲迅速关闭，将蛇头紧紧夹住。蛇本能地将自己的身体往龟身上缠，黄缘闭壳龟不慌不忙，任凭蛇缠绕，越缠越紧，蛇身越来越细，数分钟后，黄缘闭壳龟积聚的内力突然爆发，撑开腹甲，蛇的筋骨断裂，瘫软在地，黄缘闭壳龟美美地享用蛇肉。

黄缘闭壳龟争抢吃小龙虾

黄缘闭壳龟吃黄粉虫

三、繁殖习性

在自然条件下，黄缘闭壳龟10年以上才能达到性成熟，雄龟体重300克左右，雌龟450克左右。每年4～10月，黄缘闭壳龟都有发情交配现象；但是每年的 8～9月，是黄缘闭壳龟发情交配的高峰期。交配时间大多在上午和傍晚。下雨天，黄缘闭壳龟更容易发情交配。雌龟交配1次，可以保持1～2年的受精能力。在交配季节为了争夺配偶，雄龟有互斗现象，弱小的雄龟败走。雄龟围着雌龟打转，如果雌龟爬行，雄龟紧追不放；如果雌龟不动了，雄龟爬上雌龟背甲，尾巴缠在一起，将生殖器插入雌龟泄殖腔内。若交配成功，雌、雄龟的生殖器有连锁现象，交配时间10～15分钟。

雄龟阻挡雌龟前行

交配季节有的雄龟钻入雌龟腹下，将雌龟掀翻

黄昏时候龟在交配

黄缘闭壳龟每年开始产卵的时间与栖息地温度有关，在长江流域5月下旬至7月下旬是产卵期，6月上旬至7月上旬是产卵高峰期，4月和8月产卵是极个别现象。在华南地区，黄缘闭壳龟产卵时间比长江流域早15～30天。雌龟产卵大多在傍晚，极少数龟在清晨产卵。雌龟将卵产在安静、潮湿、向阳和有遮阴的沙土地上。用两后肢轮流挖土，挖1个5～8厘米深的洞穴，产完卵后用后肢将挖出的土盖住龟卵，并用腹部压实，然后才离开。也有少数龟将卵产在草丛中或枯叶下。卵白色，长椭圆形。每年产卵1～2次，一般每次产卵2～4枚。

雌龟在沙土上挖穴、产卵

雌龟在树林中产卵

第五章

营养需要和饵料种类

YINGYANG XVYAO HE ERLIAO ZHONGLEI

一、营养需要

黄缘闭壳龟同其他动物一样，为了满足其生长、繁殖的需要，必须从外界获取蛋白质、脂肪、碳水化合物、维生素和矿物质等营养物质。因此，人工养殖条件下，只有充分保证黄缘闭壳龟生长所需的营养物质，才能使黄缘闭壳龟正常生长和繁殖。

（1）蛋白质　蛋白质是一切生命的基础，是构成动物体的主要成分。黄缘闭壳龟是以摄取动物性高蛋白饵料为主的动物，从食物中摄取的蛋白质，在消化器官内经消化酶催化分解为氨基酸，并由消化器官吸收到体内，以结合成体蛋白或分解后产生能量。饵料中蛋白质的多少，是决定黄缘闭壳龟生长快慢的因素之一。但是在黄缘闭壳龟饵料中，蛋白质的适宜用量和氨基酸平衡也极为重要，蛋白质过高、过低，都达不到理想效果。稚龟、幼龟对蛋白质要求较高，饵料中适宜蛋白质含量为46%～48%；随着黄缘闭壳龟的生长，饲料中蛋白质需求量有所下降，成龟、亲龟饲料中蛋白质适宜量为45%左右。

（2）脂肪　脂肪主要是作为体脂贮存在体内或用于运动的能源。脂肪在消化器官内被消化酶分解成脂肪酸和甘油而吸收，一部分脂肪酸和甘油吸收后合成体脂肪保存于组织中，另一部分变为热能。黄缘闭壳龟对脂肪含量的要求较低，一般为3%～5%，在越冬前可略微高些。黄缘闭壳龟对脂肪的代谢能力较低，如投喂超量的高脂肪饲料，变性脂肪酸毒素在龟体内大量贮存，引起代谢失调，甚至引起脂肪肝，导致死亡。

（3）碳水化合物　碳水化合物的主要功能是产生热能。碳水化合物在消化酶的作用下，在肠内分解成葡萄糖，被毛细血管吸收，供机体利用。饵料中添加适量的碳水化合物，能减少蛋白质的分解，节约蛋白质，促进龟的生长。此外，碳水化合物还被用作配合饲料的黏合剂，龟对淀粉黏合剂中的蛋白质利用率较高，饵料中淀粉适宜量为20%～25%。

（4）维生素　维生素是调节动物体新陈代谢、维持生命活动必需的生理活性物质。维生素在动物体内不能合成，必须从外界摄取。黄缘闭壳龟如长期缺乏维生素，会引起新陈代谢紊乱，生长缓慢，易感染疾病乃至死亡。如投喂鲜活饲料，一般不会发生维生素缺乏症。因为，鲜活饲料中各种维生素较齐全，黄缘闭壳龟能从中吸取所需的维生素。如经常投喂人工配合饲料，必须在饵料中添加禽（畜）用复合维生素添加剂。

（5）矿物质　矿物质又称无机盐，是龟体生长发育必不可少的物质，对龟的骨骼和血液的形成具有重要意义，对代谢机能的调节也具有直接或间接作用。龟体中主要的无机元素是钙、镁、钠、磷、硫、钾及氯7种，还有铁、铜、锰、钴、锌和钼等微量元素。如投喂配合饵料，必须添加一定量的矿物质饵料，如鱼粉、骨粉。

二、饵料种类

黄缘闭壳龟的饵料种类很多，大体可分为鲜活动物性饵料、植物性饵料和人工配合饵料三大类：

（1）鲜活动物性饵料　黄缘闭壳龟喜欢吃的动物性饵料有牛肉、瘦猪肉、动物内脏、河虾、蚯蚓、黄粉虫、蝇蛆、蚕蛹和蜗牛等。鲜活动物性饵料适口性好，易消化吸收，能促进龟性腺发育和卵细胞的生长发育。这类饵料在龟的饵料配比中占重要地位，龟十分喜食鲜活动物性饲料，且我国城乡均能采购到。但是缺点是不易保存，易变质，脂肪含量过高，一定要因地制宜与其他饵料搭配使用。

黄缘闭壳龟喜欢吃瘦猪肉

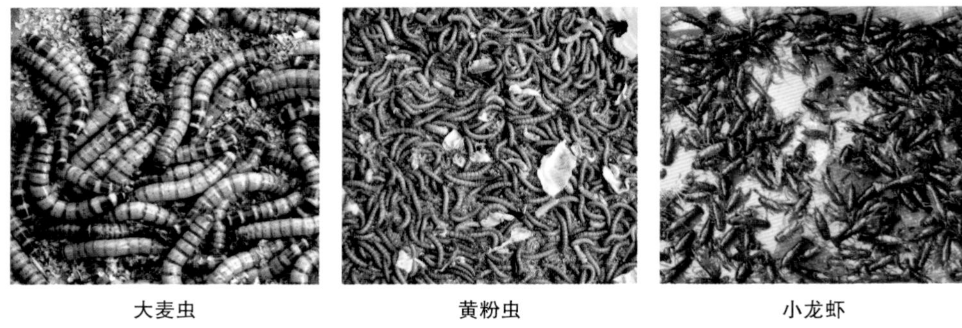

大麦虫　　黄粉虫　　小龙虾

蜗牛

黄缘闭壳龟幼龟吃蜗牛

黄缘闭壳龟种龟吃小龙虾

黄缘闭壳龟种龟吃大麦虫

黄缘闭壳龟种龟吃黄粉虫幼虫和蛹

（2）植物性饵料 黄缘闭壳龟喜欢吃的植物性饵料，如西红柿、西瓜、南瓜、杨梅、草莓、香蕉和苹果等。这些植物性饵料来源广、成本低，富含植物蛋白质和维生素，有防病抗病的药用功能。由于黄缘闭壳龟是以动物性饵料为主的动物，对植物性饵料仅食少量，所以，植物性饵料只能少量搭配投喂，动植物饵料配合比例为7：3左右。

无花果

枇杷

杨梅、樱桃也是黄缘闭壳龟喜欢吃的食物

黄缘闭壳龟喜欢吃葡萄、番茄（或圣女果）

黄缘闭壳龟喜欢吃香蕉

饲料多样化

（3）人工配合饵料　人工配合饵料营养全面，能减少疾病，降低饵料系数，有利于水质控制，便于运输和储存。野生龟刚开始大多不吃配合饵料，但是经过15～30天的驯养，能渐渐地由少到多地吃配合饵料。配合饵料可以选喂龟鳖专用饵料，也可以选用亲虾、黄鳝和河鳗配合饵料。养殖黄缘闭壳龟，不能单一喂配合饵料，配合饵料与动植物饵料搭配投喂。

稚龟料

幼龟料

成龟料

三、动物性活饵的培育

黄缘闭壳龟喜食动物性饵料，尤其喜食适口性好、营养丰富的鲜活动物性饵料。因地制宜人工培育和繁殖动物性活饵，开辟动物性饵料的来源，是取得养龟成功的重要一环。

1. 水蚤的培育

水蚤是甲壳动物中枝角类的总称，俗称红虫，是稚龟最理想的开口饵料。水蚤干物质含蛋白质60.4%，脂肪21.8%，碳水化合物1.1%，灰分16.7%，含有稚龟必需的氨基酸。水蚤的人工培育并不复杂，培育水温18～28℃，pH 7～8.5，培育池溶氧饱和度70%～120%，有机物耗氧量以20毫克/升为宜。水蚤主要食料是单细胞藻类和细菌。

培育池可以是水泥池，也可以是土池，面积根据实际情况确定。池深80～100

厘米，注水50～60厘米深，施放基肥，每立方米水体可施放发酵好的禽畜粪1～2千克，或加入混合堆肥液汁，使藻类和细菌大量繁殖，然后接种水蚤种。用筛绢、纱布制成捞网，到池塘中捞取水蚤，培育池每立方米水体投放水蚤种30～50克。在水温18～25℃时，10天左右就能繁殖出大量的水蚤，可以捞取。捞取时间一般在早晨（傍晚也可），趁水体溶氧较低、水蚤大部分浮于水面时，用捞网捞出作为稚龟饵料。每次捞取量为总量的20%左右，每天或隔1天捞取。池中每周追肥1次，追肥根据水色、水质及天气情况而定，池水透明度20厘米，水色以黄褐色为宜。

2. 蚯蚓的培育

蚯蚓又名蛐蟮、地龙。在动物分类学上，属环节动物门、寡毛纲。蚯蚓干物质含蛋白质60%左右，粗脂肪8%左右，碳水化合物15%左右，含有多种维生素和氨基酸，是龟的优质鲜活饵料。蚯蚓种类繁多，但人工养殖主要有赤子爱胜蚓、太平二号和北星二号等，其繁殖力强，生长速度快，适宜人工繁殖。

（1）生活习性　蚯蚓是一种夜行性动物，白天它居在潮湿、通气性能好的土壤中，夜晚出穴活动。蚯蚓喜阴暗，怕强光；喜潮湿，怕干燥水淹；喜温暖，怕严寒酷暑。蚯蚓对环境条件十分敏感，适宜生活在温度15～25℃、相对湿度60%～75%、pH 6.5～7.5的土壤中，以土壤中腐熟分解的植物残体、细菌、真菌、酵母菌和原生动物等为饵料。蚯蚓是雌雄同体，异体交配。在交配时，2条蚯蚓互相倒抱，副性腺分泌黏液，使双方的腹面粘住，精液从各自的雄性生殖孔中排出，输入对方的受精囊内。交换精液以后即分开，交配一般在晚上进行，交配时间1～2小时。交配后2～4周，开始产出卵茧，卵在卵茧中发育。

（2）备好饵料　蚯蚓的饵料种类繁多，其中，以粪料60%、草料40%的粪草混合饵料为好。粪料是禽畜粪便，以牛粪为最佳，猪粪次之。草料是农作物秸秆、杂草和生活垃圾，饵料制作要经过堆制发酵。将料混合拌均匀，加一定量的水，含水量达到堆积后水从底部流出，堆上用泥封好，或覆盖塑料薄膜保温；经过1周发酵后，要翻堆进行第二次发酵，将上层料翻到下层，四周的料翻到中间。再经过1周发酵，饵料基本腐熟，摊开饵料备用。

（3）蚯蚓种源　有条件的地方，向蚯蚓养殖户（场）购买太平2号、北星二号和赤子爱胜蚓作种蚯蚓用以繁殖，也可人工捕捉蚯蚓。

①堆料诱取：将发酵腐熟的饵料堆放在蚯蚓较多的地方，引诱附近蚯蚓晚上前来食取，第二天早晨即可捕捉。

②药物驱捕：在蚯蚓较多的地方，每平方米喷浓度为1.5%的高锰酸钾溶液7升，或者50%的福尔马林溶液13.7升，这时蚯蚓会爬到地面，捕捉后用清水洗净即

可。

（4）养殖方式

①盆养：先在盆内装1／3的菜园沃土，然后加入1千克左右的腐熟饵料，放入蚯蚓50～80条，浇适量水，使盆内含水量在60%左右，盆上加盖遮光。经过2个月左右，即能孵出大量蚯蚓。

②箱养：木箱长宽高为60厘米×40厘米×20厘米。箱内先装5厘米左右厚的菜园沃土，然后加10厘米厚的腐熟饵料，使饵料所含水分保持在60%左右。投放蚯蚓200条左右，2个月即可大量繁殖。

③地槽养殖：在房前屋后、菜园和果园内，选择地势稍高不积水的地方，挖长3～5米、宽0.8～1米、深0.4米的槽，槽内放腐熟的饵料，浇水后投放蚯蚓1 500～2 000条，上部用稻草覆盖，保持潮湿。地槽养殖较简便，繁殖量大。

④砖池养殖：在室内或室外建池，池长2米、宽1米、高0.3米，池内放腐熟的饵料，放入蚯蚓1 000～1 500条，保持含水量60%左右。

（5）日常管理

①适时投饵，清除蚯蚓粪：一般在前批饵料尚存30%～40%时投放新饵，不能在饵料吃完后再投，否则会使蚯蚓逃亡。一般间隔10～15天投饵，投饵量视养殖密度而定。

②保持适宜湿度：蚯蚓是变温动物，其最适生长温度为20～25℃。春、秋雨季是蚯蚓生长的黄金季节；夏季高温，是蚯蚓生长的难关，必须采取降温措施；严冬季节要采取保温措施。

③保持适宜的温度：蚯蚓能用皮肤呼吸，需保持一定湿度，但又怕积水，一般每3～4天浇1次水，饵料含水量60%左右，底层积水1～2厘米。

④保持料床通气：蚯蚓耗氧量较大，需经常翻动料床使其疏松，可在料床中多掺入一些杂草、稻草。

⑤防止敌害侵袭：危害蚯蚓的天敌有青蛙、蟾蜍、蛇、鼠、蝇蛆、蚂蚁、鸟及家禽，需严加防范。

（6）蚯蚓的收取

①光照驱赶法：用强光照射养殖床，逐渐由上而下刮去蚯蚓粪和饲料层，使蚯蚓逃至下层，然后进行捕捉。

②干燥逼驱法：在收取前对旧料停止洒水，使之比较干燥，然后将旧料集中在中央，在堆外侧堆放少量湿度适宜的新料，2天后，蚯蚓都进入新料中，此时翻开新料捕捉蚯蚓。

3. 蝇蛆

苍蝇的幼虫俗称蝇蛆，用于育蛆的苍蝇多用家蝇。鲜蝇蛆中含粗蛋白质15%左右，粗脂肪6%左右。人工培育蝇蛆操作简便，繁殖生长快，成本低廉。1千克禽畜粪便能生产0.5千克蝇蛆，1米^{3}蝇笼1天能育蝇蛆 3 千克左右。

（1） 家蝇的生活习性　在室温22～32℃、相对湿度60%～80%时，蛹经过3天发育，由软变硬，由米黄色、浅棕色、深棕色变成黑色，最后成蝇从蛹的前端破壳而出。过1小时即能飞翔、吃食和饮水。成蝇白天活动，夜间栖息。成蝇在6～8日龄为产卵高峰期，15日龄以后，基本失去产卵能力。蝇卵经半天至1天孵化成蛆，蛆在禽畜粪中培育，一般 5 天变成蛹。在22～32℃的范围内，温度越高，养蛆越多；蛆生长越快，蛆也越大。

（2） 种蝇的饲养　种蝇一般于室内笼养。室内设饲养木架或者铁架，一般分3～4层，每层架上放置用尼龙纱网制成的蝇笼。笼长60厘米、宽40厘米、高50厘米，每笼关雌、雄种蝇各5 000只。每笼一侧留1个操作孔，在孔外缝1个纱布套筒，便于投食和防止种蝇飞跑，笼底放置饵料盆、饮水盆和产卵盆，每天下午到笼内取卵1次。

（3） 育蝇蛆方法　小规模育蝇蛆，可用木盆、搪瓷盆和塑料盆，边高15～20厘米。如培育蝇蛆数量较多，需建育蛆房（也可以利用闲房）。育蛆房外四周设防蚁沟（宽10厘米、深5厘米），育蛆房内建多个砖砌水泥池，每池1～2米^2，池高15～20厘米。

育蛆饵料可采用新鲜或腐熟的禽畜粪拌和，含水量调节到60%～70%，pH调到6.5～7.5，每平方米投放育蛆饲料40～50千克。将饲料铺平，放入20万个卵粒，温度控制在20～25℃，经10小时左右，蝇卵开始孵出蛆，在饲料中摄食、生长和活动。经过4～5天培育，即可长足，此时可以收取利用。

（4） 蝇蛆的收集　利用蝇蛆怕光的特点，进行收集。逐渐刮掉饲料表面，蝇蛆往下钻，最后剩下大量蝇蛆和少量粪料，再用16目孔径的筛子振荡分离，分离出的蝇蛆洗净后可以用来喂龟。

4. 黄粉虫的培育

黄粉虫又称面包虫，在昆虫学分类中隶属于鞘翅目、拟步甲科。黄粉虫含有较高蛋白质（50%以上），并含有10多种氨基酸、多种维生素和微量元素。易饲养，饲养成本较低，繁殖力强，生长发育快，黄粉虫是龟等名优水产珍品的优质动物性活饵。

（1） 生物学特性

①形态特征：黄粉虫的一生分为卵、幼虫、蛹和成虫几个阶段。卵为乳白色，

椭圆形，长1.5～2毫米，有卵壳保护。幼虫呈圆筒形，长足时体长26～30毫米。幼虫刚孵出时为白色，逐渐变为黄褐色，腹面淡白色，体表有光泽。蛹初为乳白色，逐渐变为淡黄色，体长15～20毫米，呈弯曲状，鞘翅短。刚羽化的成虫为白色，渐变深褐色，长椭圆形，体长约16毫米，头胸部和腹部高度角质化，坚硬。

②生活习性：黄粉虫的幼虫和成虫都喜黑暗，怕光，昼夜均能活动摄食，但以夜间较为活跃。最适生长温度范围为25～32℃，温度低于0℃或高于35℃，生长发育下降，以至死亡。最适相对湿度范围70%～80%，过干或过湿，生长缓慢，易生病。

③生长和繁殖：在人工饲养条件下，黄粉虫一年四季均可繁殖，一年可繁殖2～3代。成虫羽化后3～5天开始交配产卵，一生多次交配，多次产卵，每次产卵6～15粒，产卵期长达3个月；雌虫一生产卵150～350粒。

成虫产卵后，在20～30℃时，7天左右便能孵出幼虫。幼虫历期75～100天，经过多次蜕皮，最后变为裸蛹。蛹7～10天羽化为成虫，5天后开始觅食、交尾和产卵。从卵产出到性成熟，总计70～80天。

（2）饲养方式和管理

①饲养方式：小规模养殖，可用现存的木箱、纸箱和面盆等置于室内养殖。大规模养殖，室内立体养殖，饲养房要冬暖夏凉，透光通风，安装纱窗、纱门，以防敌害入侵。室内安放数只木架或铁架，长1.5米、宽0.5米、高1.5米（或1.8米），每层间隔30厘米。用1～1.5厘米厚的木板做成40厘米×50厘米×10厘米的饲养盘，饲养盘置于饲养架上。

②饵料与投喂：黄粉虫是杂食性昆虫，人工养殖时用的饵料有麦麸、米糠、玉米粉等精料和白菜、青菜、各类瓜果皮等青料，以精料为主（85%），青料为辅。凡是含有蛋白质、淀粉等营养物质的饵料均可利用，如能用饲料厂、养殖场的下脚料喂黄粉虫，则可节省成本，效果也好。

③饲养管理：

成虫的饲养：蛹羽化为成虫后，在饲养盘底部铺一张白纸，撒入1～2厘米厚的麦麸或米糠，在料表面铺一层筛孔直径为3毫米的筛网，筛网上再放5毫米左右的饲料。这样成虫能把卵产在筛网下的饲料中，避免了成虫吃卵。成虫放养密度为每平方米2～2.5千克，雌雄比例为1：1。每天定时往饲养盘中加入新鲜菜叶，拣去残叶，每隔3～4天，将已产卵的成虫及筛网取出，放入另一饲养盘中，让成虫继续产卵。

卵的孵化：把混有虫卵的饲料放入筛孔直径为1毫米以下的筛网中筛，虫卵和小部分较粗的饲料即集中在筛网上面，把虫卵及部分饲料集中，进行孵化。孵化温度20～28℃、相对湿度50%～70%为最适宜。一般10天左右能孵出幼虫。

幼虫饲养：幼虫孵出后，要喂麦麸或混合饲料，添加少量青料。幼虫每隔数天蜕皮1次，所以每隔7～10天要用40目（幼虫长大后改用20目）筛子筛选，除去混合料中的虫皮、虫粪。随着虫体长大，投喂量应增加，同时减少饲养密度。

蛹的管理：幼虫长到70～80天后陆续化为蛹。蛹初为乳白色，一般15～20毫米长，常浮在饲料表面，及时拣出，以免幼虫咬食。为防蛹干死，在放蛹的盘上盖湿毛巾。蛹羽化后，应按羽化日期，分批收集放在饲养盘中饲养。

（3）黄粉虫的采集　黄粉虫除留种外，无论是幼虫、蛹还是成虫，均可作为活饵喂龟。黄粉虫的营养价值接近优质鱼粉。1～2千克糠麸加1千克青料，可得0.5千克黄粉虫。一般用幼虫喂幼龟。根据幼龟的大小，选用相应的幼虫投喂。投喂黄粉虫的幼龟，存活率高，生长快。投喂亲龟，亲龟产卵大，产卵数多。

用长方形木箱养殖黄粉虫

黄粉虫立体养殖

黄粉虫蛹

黄粉虫成虫

第六章

种龟的挑选和驯养

ZHONGGUI DE TIAOXUAN HE XUNYANG

民间将自然温度条件下生长的体重250克以上、准备用来繁殖的亚成体龟和成龟统称为种龟。

黄缘闭壳龟幼龟在150克以下，雌、雄较难区分；当体重超过150克，两性差别开始明显；300克左右，雌雄差别十分明显。性腺达到成熟，具有繁殖后代能力的雌、雄龟个体，称之为亲龟。

一、雌、雄亲龟的区别

雌龟的尾柄较细，尾巴较短，将龟的尾巴拉直，泄殖腔位于缘盾内。背甲在后部椎盾处急剧下斜，使得躯干部显得短、拱度高。

雄龟的尾柄较粗，尾巴较长，将龟的尾巴拉直，泄殖腔位于缘盾外。背甲后部及两侧缓下斜，躯干部显得长、拱度低。

雌龟（左）、雄龟（右）

雌、雄龟并排爬行图（左雌右雄）

二、种龟的挑选

（1）选择野生或者是自然温度养殖的黄缘闭壳龟　野生黄缘闭壳龟雌龟450克左右、雄龟300克左右性腺成熟，年龄在10年以上，可以选做亲龟用来繁育龟苗。也可以选用人工饲养的黄缘闭壳龟做亲龟，要求是从幼龟到成龟一直是在自然温度下养殖。人工养殖的黄缘闭壳龟由于饲料充足，龟的生长速度快，7～8年性腺成熟，个体重量500～1 000克。不能选择温室饲养的商品龟，温室饲养黄缘闭壳龟3年，龟的重量可以超过500克，但是性腺不成熟，这种商品龟虽然在自然温度下再多养几年也能产蛋，但是繁殖率低，龟苗体质弱，成活率低。

（2）挑选健康的种龟　健康的种龟能正常吃食、生长和繁殖，给养殖者带来良好的经济效益。如购买了病残的种龟，在养殖过程中种龟会陆续死亡，给饲养者带来重大的经济损失。所以挑选种龟至关重要，因为种龟的优劣几乎决定养龟的成败。挑选种龟的具体方法如下：

①查看龟体外形是否完整，有无伤残。断肢和断尾巴的龟，不宜留作种龟。雄龟断肢，难以爬跨雌龟背部进行交配；雌龟断肢，难以打洞，会将卵产于洞外，容易被其他龟压破，或被鼠、蛇、鸟类等敌害吃掉。有些黄缘闭壳龟有食卵的恶习，看到龟卵争抢着吃。断尾巴的龟，尤其是几乎没有尾巴的龟，仰面朝天的话，难以翻身，高温季节会被晒死，在深水里容易淹死。畸形龟不适宜留作种龟。

雄龟在争夺交配时有打斗现象，少数体弱的雄龟眼睛被强壮的雄龟咬伤乃至失明，失明的龟不能留做种龟，只能作商品龟处理。强壮的雄龟在交配结束后，黑色伞状生殖器会比较快地收缩进体内，如果生殖器不能及时收缩进体内，被别的雄龟撕咬，或者由于惊吓快速逃跑，生殖器在沙土上、石块上摩擦受伤。生殖器受伤严重，很难自然痊愈，不能痊愈就无法再收缩到体内，生殖器长时间外露会溃烂。生殖器外露的龟不留种，也只能作商品龟处理。

健康的种龟

断尾巴的黄缘闭壳龟

失明的雄龟

生殖器外露的雄龟

②用手拉龟四肢和头尾，龟收缩迅速有力，将头尾和四肢全部关闭在龟甲内，坚固如坦克，这种龟是健康龟；反之，头颈、四肢收缩无力，龟甲不能关闭的龟是病龟。雌龟产卵期腹甲不能完全闭合。有的龟头颈缩入龟甲，后肢撑地，龟体后部离地，这种龟有内伤，成活率较低，不能留作种龟。

健康龟腹甲关闭严密

③将龟背甲着地，腹部朝天，龟如能迅速伸出头来灵活翻身，爬动生猛有力，是健康龟；如长时间不动，不能翻身，表明龟体不健康。

④看龟的眼睛是否灵活有神。如龟长时间闭目，或者眼神呆板，甚至眼睛红肿，眼球出现白瘴膜，表明是病龟。

健康龟眼睛有神

闭目的病龟

⑤看龟四肢基部及尾部肌肉，以饱满为好，但要谨防注水龟。有些不法商贩，为了牟取暴利，用注射法给龟腹腔注水，凡是注水龟死亡率达100%。注水龟四肢窝看上去很丰满，实际上是水肿，开始尚能爬动，但不久四肢水肿麻痹，无力爬动，排泄腔始终潮湿，有黏液流出，逐渐衰竭死亡。

⑥看龟背、腹甲是否完整，以背腹甲完整、有光泽、无瘀血和红斑为佳。患有腐甲病、红底板病的龟，应治愈后再留作种龟。

三、野生龟的“驯化”

野生龟生活于大自然中，在适合于它们生活的生态环境中寻食、生长和繁殖。野生龟转为人工家养，突然改变了生态环境，再加上人为因素的干扰，有些龟出现拒食现象，因此，对野生龟要经过一个人工“驯化”过程，使龟逐步适应新的养殖环境。龟的“驯化”方法如下：

（1）龟池要模拟自然环境。在养殖场地宽敞的条件下，可在龟池中用木板或水泥板构筑洞穴，供龟躲藏，陆地种植少量花草。

种龟池内有花草树木

种龟出窝活动

（2）野生龟放入龟池以后，无特殊情况，一般不更换龟池，以免龟产生应激，难以适应新的环境。

（3）对龟进行“诱食”。刚引进的野生龟，大多在最初2周内不肯主动寻食。饲养者可用蚯蚓、面包虫、瘦猪肉和动物内脏等诱龟进食，并观察龟进食情况，看龟爱吃哪一种饲料，然后“投其所好”。

给龟喂葡萄、圣女果、熟的猪胰脏

（4）减少干扰因素。不能让猫、狗等动物靠近龟池，人工喂食时脚步轻，动作轻，以免龟受惊吓，因为龟生性比较胆小。

野生龟胆小，受到惊吓马上逃进龟窝中

（5）培养“感情”。龟开始吃食后，饲养者可经常捉摸龟身体，用软毛刷清洗龟身体上的污物，用龟爱吃的食料引诱龟爬动、抢食。家养时间长了，龟对主人有感情，当主人走近龟池准备给龟喂食时，许多龟围上来，伸长脖子，张着口，迫不及待，一副“馋相”。

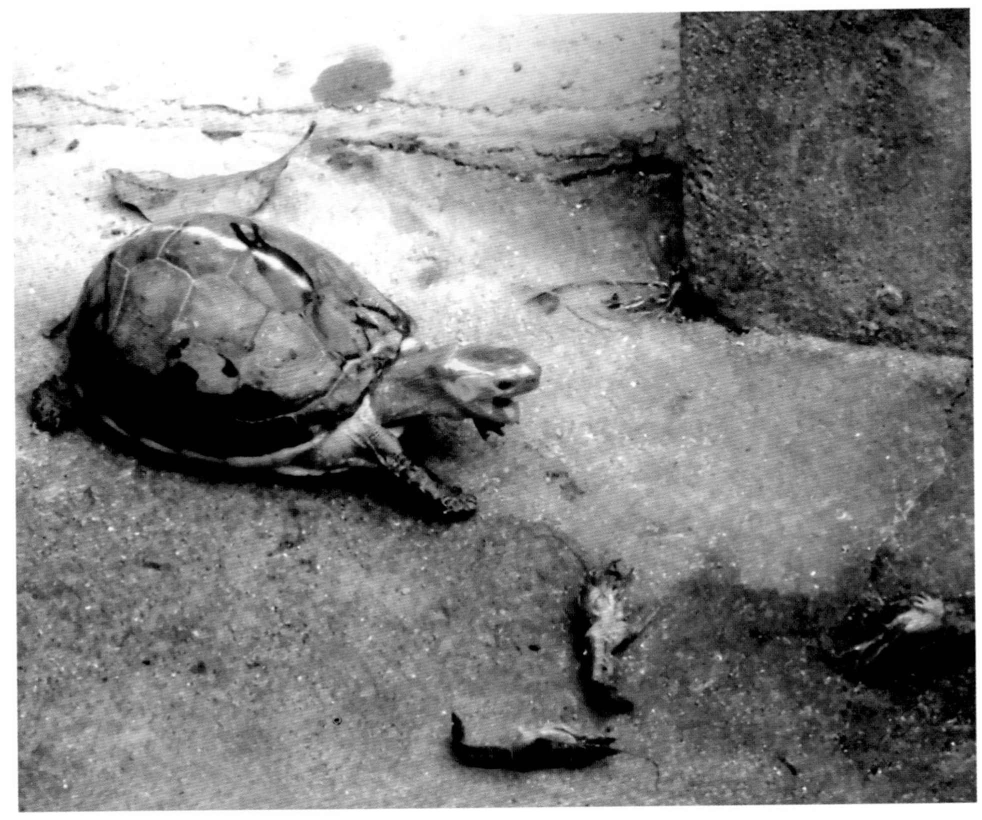

一副“馋相”

第七章

亲龟的培育

QINGUI DE PEIYU

一、亲龟池的建造

黄缘闭壳龟种源少，投资成本大，生产周期长，一般的养殖户没有足够的资金来筹建专业的大型黄缘闭壳龟养殖场。目前的黄缘闭壳龟养殖大户，大多是在养龟场中划个小区域，建造亲龟池、成龟池和幼龟池，养殖不同规格的黄缘闭壳龟。一般的养龟爱好者，只能根据家庭条件，因地制宜，建造大小不同、形态各异的龟池。简单归纳为三种类型：

1. 小型水泥亲龟池

每个龟池面积1～3米^2。城市商品房的阳台上，可以建造这种小型龟池。楼房平顶上可以并排建造多个水泥龟池，根据面积大小，建造成单列式或双列式，便于日常管理。夏季高温，龟池上面要有遮阴设施，如搭建棚架、盖上遮阴网等。

龟池分浅水池、龟窝和产卵场三个部分，池壁高50厘米。浅水池底贴上瓷砖，不仅美观，而且可以防止龟甲和龟爪磨损，清扫龟池也容易些。浅水池底有倾斜，最高处做喂料场，最低处是排水孔，浅水池上方一侧池壁上安装进水阀。浅水池与龟窝和产卵场，有平缓的斜坡相连。产卵场放20厘米厚的沙土。龟窝可以用木板钉制，或者用砖砌四壁，上盖木板或石棉瓦、水泥板等。

阳台小型水泥龟池

楼顶平台双列式水泥龟池

2. 庭院亲龟池

城乡居民在家中庭院的空地上都能建造龟池。如果是观赏性养殖，龟池外形根据主人的爱好，可以是长方形、圆形、椭圆形、多边形和梅花形等，池壁内外贴上图案美观的瓷砖，龟池与庭院中的花木盆景相映衬，相得益彰。

如果是投资性养殖，要考虑最大化土地利用率，并排建设多个长方形结构龟池，便于日常管理。统一规划进水和排水系统。龟池内设置浅水池、活动区、龟窝和产卵场四个部分。浅水池最高处是喂料场，活动区内种植花草。

简单的庭院龟池，龟窝在室内

养殖户孙建新的庭院龟池

养殖户孙荣保在城市民居老宅的多个小天井中养殖近百只黄缘闭壳龟

张景春（左）与孙荣保、凌俊夫妇交流养殖黄缘闭壳龟经验

养殖户王枫的庭院龟池

养殖户顾晓峰的庭院龟池

养殖户张瑜的庭院龟池

3. 大型生态亲龟池

这种亲龟池要求土地面积大，投资成本大，投放的亲龟多，经济实力强的养殖场才适合采用。生态亲龟池面积50～200米^2，池壁高60厘米。由南往北，地势逐渐升高，依次为浅水池、喂料场、花木区、龟窝和产卵场。喂料场为水泥地面，与浅水池有斜坡相连。花木区种植果树、花草等，模拟自然生态环境，使龟如同生活在大自然的怀抱中。产卵场内放20～30厘米厚的黄沙，产卵场上方搭建遮雨棚，可以用石棉瓦、彩钢瓦等材料。

太仓丰达种龟场——生态亲龟池

生态亲龟池遵循了龟的自然生态习性，在这样的生态环境中，亲龟活动空间大，龟体健康，龟的潜能得到最大的发挥，繁殖率大大提高。太仓丰达种龟场总结了10多年庭院养龟的经验，于2000年建设了多个大型黄缘闭壳龟生态种龟池，申报了国家发明专利，获得江苏省专利实施计划专项资金。太仓丰达种龟场目前拥有黄缘闭壳龟（安徽种）种龟（含亚成体）2 000多只，20多年来，繁殖了上万只黄缘闭壳龟幼苗，是目前国内较大的黄缘闭壳龟繁育基地，为黄缘闭壳龟种群的繁衍作出了一定的贡献。

二、亲龟的放养

（1）放养时间　亲龟放养以春季放养最好，在长江流域一般选在3月下旬至4月中旬，使龟对环境有一个适应过程，几天以后随着水温升高，龟就开始摄食。若秋季放养，应在8月下旬至9月下旬，一定要使龟在冬眠前吃到足够的食物，积聚能量，以利于越冬。夏季放养亲龟容易死亡。

（2）放养比例　亲龟的雌雄比例要适当，如果雄龟太少，雌龟多，会影响龟卵的受精率；如果雄龟多了，雌龟过少，当然产卵量少，经济上不合算，而且雄龟太多，会干扰其他龟的交配，反而影响龟卵受精率。雌、雄龟的比例以3∶1为宜。

（3）放养密度　亲龟的放养密度也要适当，放养密度过小，降低了养殖池的利用率；若放养密度过大，喂料多，龟的代谢物也多，龟的活动场所拥挤，容易引起水质恶化乃至疾病暴发。

小型水泥亲龟池放养密度为每平方米4只，一般建造2米^{2}的小型亲龟池，放养2组亲龟8只，3雌1雄为1组。饲养密度较高，要精心管理，勤清洗食料场，多换池水，亲龟能健康生长，产卵量、受精率会较好。

庭院亲龟池的放养密度为每平方米2只，生态亲龟池放养密度为每平方米1只。

太仓丰达种龟场水泥池养殖亲龟

养殖户沈兴华的黄缘闭壳龟亲龟池

太仓丰达种龟场生态亲龟池内的亲龟

三、水质管理

黄缘闭壳龟是水陆两栖龟类，但以陆栖为主，不能长时间生活于十分干燥的环境中。黄缘闭壳龟能耐饥饿，但不耐渴，长时间脱水会虚脱死亡。所以，无论采用什么方式养殖黄缘闭壳龟，龟池内不能长时间断水，尤其是夏季高温天气。根据我们观察，高温天气，7:00～16:00时，黄缘闭壳龟躲在阴凉地方；16:00以后出来活动，首先到水池饮水。黄缘闭壳龟喜欢到洁净的水中饮水和嬉戏，龟池中的水要勤换。

黄缘闭壳龟四肢强健有力，擅长爬坡，但不擅于游泳，喜欢在浅水区活动，水深超过25厘米，有死亡危险。

黄缘闭壳龟到水池饮水

黄缘闭壳龟又是十分聪明的龟种，遇到台风和暴雨，龟池被水淹了，黄缘闭壳龟会往高处逃跑，有的龟会攀爬到小树上，躲在树杈间。不能上树的，用前爪勾住树枝，头颈伸出水面呼吸，一棵小树边会围着一群黄缘闭壳龟。

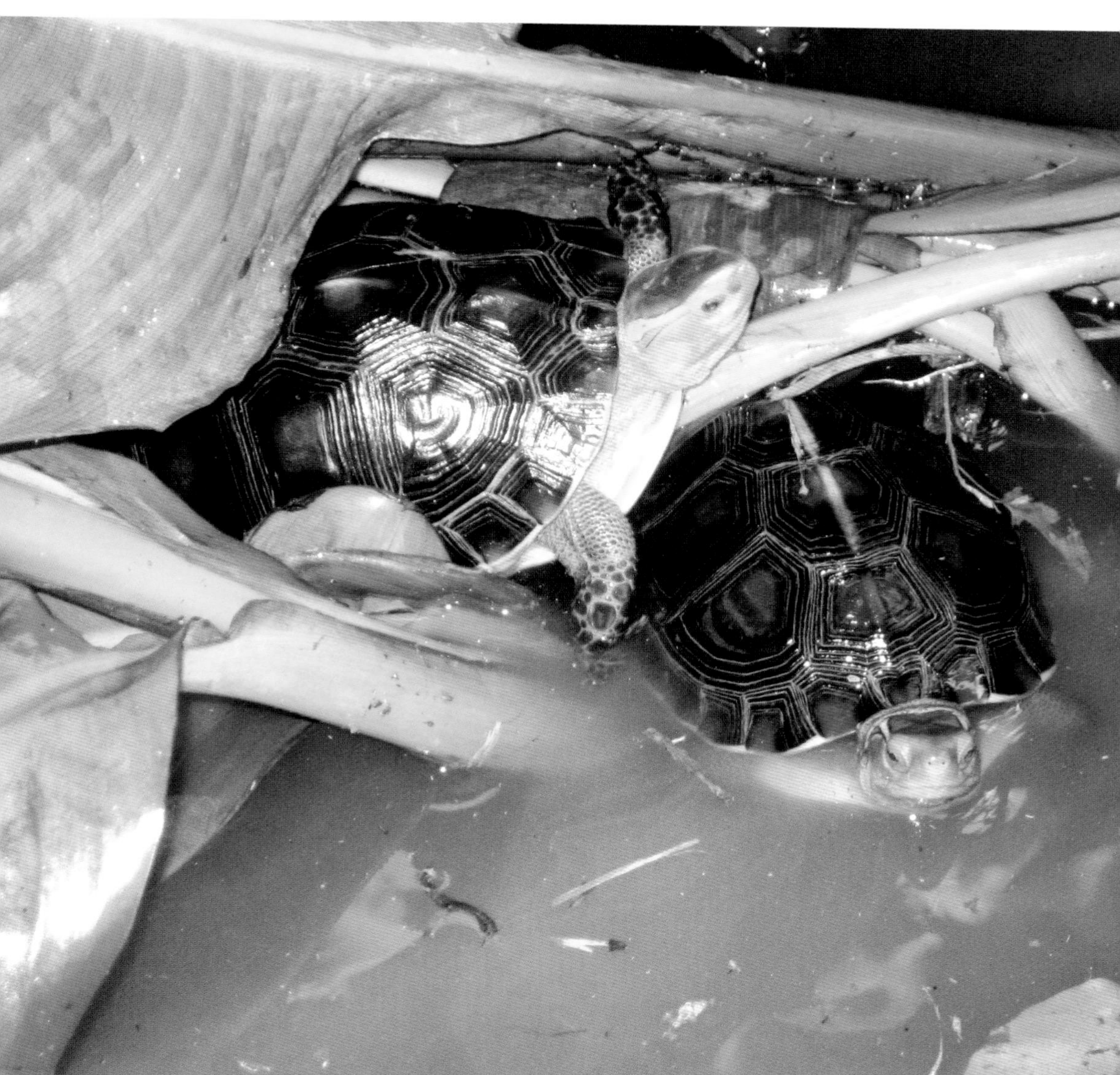

龟池被淹，黄缘闭壳龟爬上倒伏的芭蕉树上

暴雨天龟池被淹，黄缘闭壳龟爬到树上

龟用前爪勾住树枝，头颈伸出水面呼吸

四、饵料和投喂

亲龟饵料的好坏，直接关系到产卵的数量、质量及受精率，因为营养物质是亲龟性腺发育的物质基础。黄缘闭壳龟是杂食性动物，但喜欢吃动物性饵料，在动物性饵料缺乏时，也吃植物性饵料。人工养殖条件下，可以喂牛肉、瘦猪肉、动物内脏、河虾、蚯蚓、黄粉虫、蝇蛆、蚕蛹、蜗牛、番茄、西瓜、南瓜、杨梅、草莓、香蕉和苹果等。家庭观赏性养少量几个种龟，可以多喂牛肉、猪肉等高档饵料。如果投资性养殖，亲龟数量多，既要核算经济成本，又要满足亲龟的营养需求，要科学选配饵料，动、植物饵料的比例一般为7：3左右。在条件许可的情况下，饵料种类尽可能多样化。野生龟刚开始大多不吃全价配合饵料，但是经过15～30天的驯养，能渐渐地由少到多吃全价配合饵料。配合饵料可以选喂龟鳖专用饵料，也可以选用亲虾、黄鳝和河鳗配合饵料。

饵料的投喂应坚持“四定”原则：

（1）定时　亲龟摄食量与温度高低密切相关。投喂饵料要根据季节、天气变化，灵活掌握投喂时间和投喂量。在长江流域，每年4月和10月，气温较低，中午前后气温较高，一般在9:00～10:00投喂饵料，每2天投喂1次；每年5月和9月，气温较高，每天投喂1次，投喂时间是8:00～9:00或者是15:00～16:00，要固定是上午投喂还是下午投喂；每年6～8月，高温季节，每天喂2次，投喂时间是6:00～7:00和傍晚17:00～19:00。

（2）定量　动、植物性饵料的投喂量，是池内亲龟总体重的 5%左右；配合饵料投喂量是亲龟总体重的3%左右。6～8月多喂，4～5月和9～10月少喂，冬眠期不喂。投喂量和投喂时间，应根据天气情况和龟的摄食情况灵活掌握。

（3）定位　饵料应投放在饵料场，这样使池水减少污染，也便于养殖者能准确地掌握亲龟的摄食情况。

（4）定质　饵料要新鲜、营养丰富、适口性好。体积大的饵料，如动物内脏，要切细或绞碎，饵料中添加少量禽畜用矿物质和复合多种维生素。

亲龟吃草莓

给亲龟喂番茄、猪胰脏（熟）等

亲龟吃小龙虾

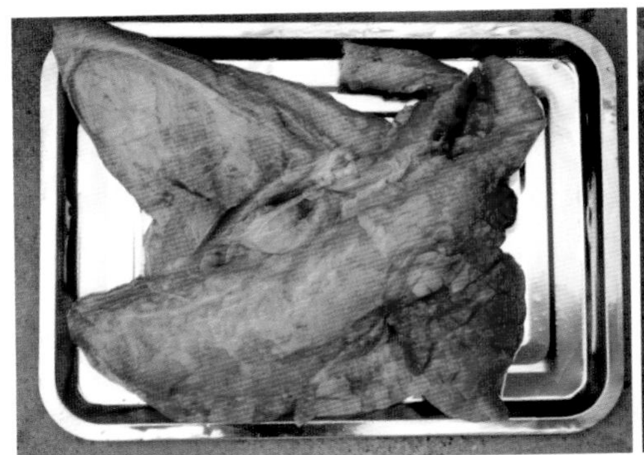

猪　　肺

亲龟吃猪肺

五、日常管理

平时，每天至少2次（早晚）巡视龟池，主要是观察龟的摄食、活动，防止亲龟的逃跑和敌害的侵袭。通过观察亲龟的摄食情况，决定下一次的投喂量。每天定时清理饵料场，以免饵料腐败发臭污染水质，引发疾病。根据水质情况，更换池水。如有龟经常缩于一处不爬动、不进食，要隔离饲养，观察或治疗。夏季在池边种植葡萄、丝瓜等植物，在池上部搭建遮阴棚，以免龟被曝晒中暑死亡。黄缘闭壳龟喜欢弱光，不喜欢强光。在人工养殖环境下，白天喜欢群集在阴暗处。

夏佩珍、张骏韬母子俩在查看种龟生长情况

六、越冬管理

龟越冬前，要为龟池和龟体清毒，以免龟在冬眠期间发生疾病。对有伤残或患病的龟应单独治疗，不与其他健康龟一同饲养越冬。

通常，将产卵场的沙土翻松，亲龟会钻在沙土里冬眠，沙土要保持潮湿。在沙土上盖稻草，稻草要事先在阳光下曝晒过，不带霉菌。

亲龟在稻草覆盖的产卵场沙土中冬眠

水泥池养殖亲龟，冬季池中增加沙土，沙土厚10～15厘米，沙土保持潮湿，亲龟钻在沙土中冬眠。寒冷季节在龟池上部遮盖薄膜等保暖物，以免龟被冻伤。

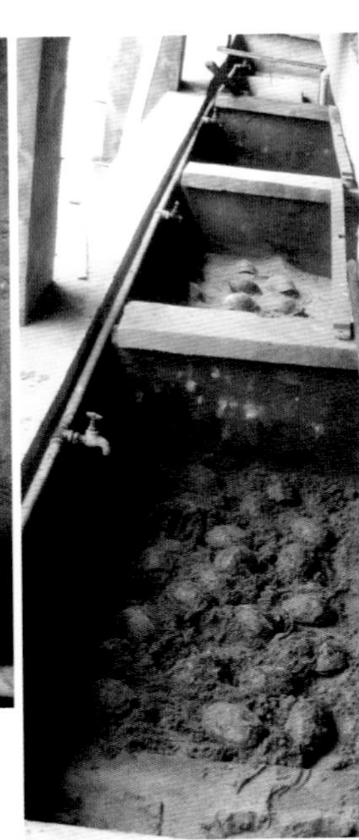

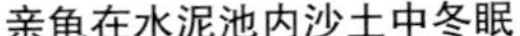

亲龟在水泥池内沙土中冬眠

冬眠期死亡，龟体消瘦，皮肤干结，眼睛凹陷

生态亲龟池中，有的龟会在草丛中或枯叶下冬眠，有的在小灌木下的松土中冬眠，下了雨，泥土潮湿，气温越低，龟越往下钻。为了安全起见，可以将亲龟关进龟窝中，窝中放30厘米厚的沙土，亲龟钻在沙土里冬眠。还要防止老鼠、黄鼠狼等对龟的侵害。

生态龟池中亲龟钻在枯叶下松土中冬眠

随着温度降低，亲龟越往下钻

随着温度降低，亲龟越往下钻，背甲完全埋入松土中（亲龟在圈下松土中）

第八章

亲龟的交配与产卵

QINGUI DE JIAOPEI YU CHANLUAN

一、亲龟的交配

在常规养殖环境中，黄缘闭壳龟发情和交配集中在每年的8～9月，春季也有交配现象，产卵期和高温季节很少有交配现象。黄缘闭壳龟在陆地上交配，很少在水中交配。交配时间大多在早晨和傍晚，白天下雨的时候，亲龟容易发情，在雨中交配。

黄缘闭壳龟在草丛中交配

雄龟在求偶交配时，头对着雌龟的头部，喷出白沫，发出“吱、吱、吱”的叫声，如果雌龟逃跑，雄龟快速上前阻拦，用头部摩擦或撞击雌龟，有时咬住雌龟的颈盾或缘盾用力摇摆，促使雌龟发情。有的雄龟会将雌龟抬起，甚至将雌龟掀翻。等到雌龟已经发情，趴着不动，雄龟转到雌龟背后，爬到雌龟背上，两后肢着地，以尾部接近雌龟尾下，将生殖器插入雌龟的泄殖腔内进行交配，交配时间一般为10～15分钟。

雄龟咬住雌龟背甲左右甩动

黄缘闭壳龟在草地上交配

黄缘闭壳龟在沙土地上交配

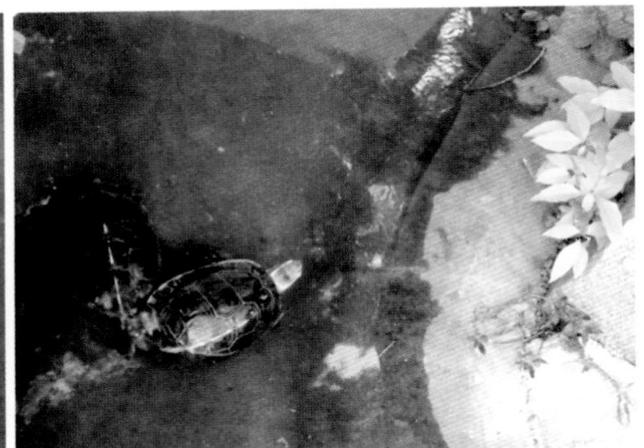

黄缘闭壳龟在水中交配

二、亲龟的产卵

雌龟产卵时间大多在16:00～21:00，如果是阴雨天，产卵时间会早些。14:00后，有的雌龟开始产卵。雌龟选择在环境安静、隐蔽、潮湿和土质疏松的斜坡上挖掘洞穴产卵。选好地方后，先用两后肢轮流挖掘泥沙，并把泥沙推向左右后侧，挖成直径6～10厘米、深5～8厘米的洞穴，稍作休息后开始产卵。前肢撑起，后肢置于洞穴两侧，尾巴对准洞穴，身体几乎呈45°向后倾斜。每产1个卵，用后肢将其在洞穴中排好。等到产卵结束了，再用两后肢轮流将泥沙覆盖住龟卵。覆盖的泥沙比地面略高，覆盖的面积比洞穴口大。少数龟将卵产在草丛或落叶中。亲龟在花草地上产卵，由于泥土坚硬，有的卵穴很浅，只能放2枚卵，如果产了4、5枚卵，卵高出地面，亲龟没有用泥沙或枯叶等完全覆盖住卵，容易被有“食卵癖”的龟吃掉。

有的龟喜欢在花草中挖穴、产卵

有的龟喜欢在树阴下挖穴、产卵

有的龟将卵产在枯叶下

有的卵穴很浅

卵穴浅而龟卵多，龟卵没有完全覆盖住

雌龟在沙土上产卵

雌龟产完卵开始用后肢拔沙土盖穴

在常规养殖条件下，长江流域黄缘闭壳龟产卵期一般是5月下旬至7月下旬，6月上旬至7月上旬是产卵高峰期，4月和8月产卵是极个别现象。每年开始产卵时间早晚，与养殖地区当年气温有关，也与饲养条件有关。

雌龟有分批产卵的习性，年产卵1～2次，通常每次产卵2～4枚。但不是每个雌龟每年都能产2窝卵，雌龟年产卵数量与龟的年龄、体质、饲料、营养、养殖方式和养殖环境等因素有关。老龄龟产卵少，壮年龟（10～30年）产卵多；健壮龟产卵多；病弱龟产卵少。饲料充足、营养全面、养殖环境好，雌龟产卵多；反之，则少。根据我们现有的亲龟数量（有野生原种，也有人工培育的），40%左右的雌龟每年产1次卵。

卵壳灰白色，长椭圆形，卵重8.5～18.5克，长40～46毫米、宽20～26毫米。雌龟个体小、年龄小（刚开始产卵）所产的卵个体小；壮年龟、老龄龟产的卵个体大。

三、食卵问题

有多年养殖黄缘闭壳龟经验的人都知道，黄缘闭壳龟有食卵的“恶习”。所谓食卵，不是雌龟自己产了卵自己吃掉，而是被别的雌龟或雄龟吃掉。黄缘闭壳龟食卵的主要原因有：

（1）饲料不足，黄缘闭壳龟在饥饿或半饥饱状态下，容易发生食卵现象。

（2）亲龟体内缺钙，争抢龟卵食用，以达到补钙的目的。我们做过试验，在亲龟池内放几个龟卵的壳，有的亲龟也来争抢吃卵壳。

（3）龟卵营养丰富，味道鲜美。在饲料充足的情况下，有的黄缘闭壳龟还是抢吃龟卵。

（4）产卵场沙土干结，雌龟挖穴浅，产完卵没有将龟卵用沙土全部盖住，或者直接将卵产在草丛里、水池里，别的龟看到龟卵后就会将卵吃掉。

一个亲龟池中一旦有龟有食卵的“恶习”，其破坏性很大。它（它们）看到雌龟在挖穴产卵，就在洞穴旁守候，雌龟产下卵，就被食卵龟叼走。在龟产卵季节，要多查看龟的粪便，如果粪便中有小的灰白色碎片，可以肯定这个龟池中的龟有食卵现象。

亲龟争抢食龟卵

防治措施：

（1）降低饲养密度，使龟有充足的活动和休息空间。

（2）饵料充足，饵料多样性，营养丰富全面，满足亲龟的繁殖需求。

（3）庭院龟池和生态龟池中，可以多设计几个产卵场。

（4）及时收卵，尤其是小型水泥亲龟池中，只要看到龟卵就马上收集入孵。防止别的雌龟挖穴产卵时，将沙土里的卵挖出地面而被龟吃掉。

（5）产卵季节将雌龟与雄龟分开饲养，将有食卵“恶习”的雌龟单独饲养。

（6）产卵季节多巡视亲龟池，看到雌龟在产卵场不停地爬动，或者即将挖穴，有产卵征兆，将其送入“产房”（在亲龟池旁用板块围住或砖砌的产卵场，没有出入口）。

（7）看到亲龟已经挖好了洞穴，或者已经开始产卵了，就不要再将龟抓出来，可以用高大有网孔的塑料筐将龟罩住，等龟产完卵将龟放出来。

第九章

龟卵的人工孵化

GUILUAN DE RENGONG FUHUA

在自然条件下，因靠自然土温孵化，温度低，温差大，孵化时间长，还有鼠、蛇、鸟和蚁等危害，所以孵化率低。因此，应采用人工孵化，为龟卵孵化提供适宜的生态环境，提高孵化率。

一、龟卵的收集

在龟产卵期间，最好每天早晚巡视产卵场。如发现龟卵，不要立即取出，因为此时胚胎尚未固定，待24小时后，再收集龟卵。此时，动物极和植物极分界明显，在动物极一端出现圆形小白斑。如果龟池中龟有食卵恶习，应及时将龟卵取出。收卵前准备收卵盘，也可用塑料面盆代替，收卵盘底部铺一层1～2厘米厚的细沙。用手轻轻扒开卵穴，用手指轻轻取出卵穴内的所有龟卵，将龟卵的动物极向上，收卵后将洞穴铺平。

沙土中的卵穴上部比周围略高，呈盖状

用手轻轻扒开沙土现龟卵

塑料盆做收卵盆

二、受精卵的确定

对光观察，受精卵内部红润，产后24小时，在室温26～34℃的条件下，龟卵长轴中部出现一长形白色区域，即胚胎。随着胚胎发育的进行，逐步向两端和周围扩展。未受精卵对光观察，内部较混浊，在卵中部不出现白色的动物极，或有不规则的白色斑块，也不向两边扩张。对缺乏白色透明区的龟卵不要马上处理掉，可放在微湿的沙土中继续观察3～5天，如果仍然不出现白色动物极，可确认为未受精卵，可供食用。

无精卵、畸形卵、破裂卵和孵坏了的卵，均应剔除。不能同受精卵放在一起孵化，否则孵化时间一长，这些坏卵受温度、水分和氧气的影响，卵粒变质发臭，污染其他受精卵，影响孵化率。

左为无精卵，右为受精卵

畸形卵

上面1个为畸形卵，下面4个为正常卵

上排为老龄龟产的卵，下排为新龟产的卵

三、孵化的生态因素

龟卵的孵化需要一定的生态条件，只有湿度、温度、孵化介质三个主要生态条件符合要求，加上其他技术问题处理得当，龟卵的孵化率能达到95%以上。龟卵与禽蛋不同，禽蛋的蛋白质含量高，有蛋白系带；龟卵的蛋白质含量很少，没有蛋白系带。因此，在孵化过程中一般不翻动，否则胚胎会受伤乃至死亡。

（1）温度　龟卵孵化时，温度低，延长孵化期，意外伤害和死胚也多；温度太高，容易烧死胚胎；温度忽高忽低，对孵化很不利。沙床温度应恒定在28～32℃，孵化率最高，一般能达到90%以上，孵化时间75～82天。龟卵在34℃以上，短时间内胚胎即死亡；在22℃以下，胚胎停止发育。

（2）湿度　水是生命的源泉，如沙土中含水量过少，水分被沙土蒸发掉，卵得不到水分，使胚胎枯死；如沙土中含水量过高，沙土中形成水膜，使卵中的胚胎缺氧窒息。沙土的含水量控制在6%～10%，孵化率最高，可达95%左右。简易测试办法，用手握紧沙土，沙土成团，松手后沙土落地，松散不成团，表明湿度适当；如握紧沙土，沙土不成团，表明沙土含水量太少；如用手握紧沙土，沙土中有水滴，说明含水量太高。

（3）孵化介质　孵化介质是指孵化龟卵用的覆盖物，可以选用黄沙、蛭石、椰壳屑、海绵和苔藓等。

黄沙孵化龟卵

蛭石孵化龟卵

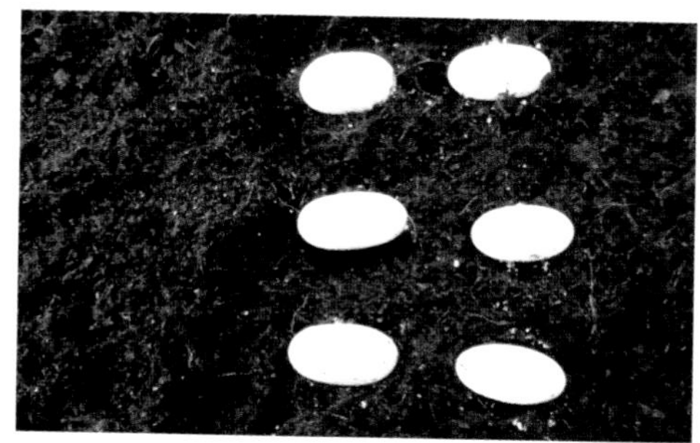
椰壳屑孵化龟卵

四、孵化方法的多样化

1. 用花盆孵化

花盆孵化龟卵

2. 用木箱孵化

木箱孵化龟卵

3. 用塑料面盆、塑料盒、塑料盘、塑料箱和收纳箱等孵化

收纳箱孵化

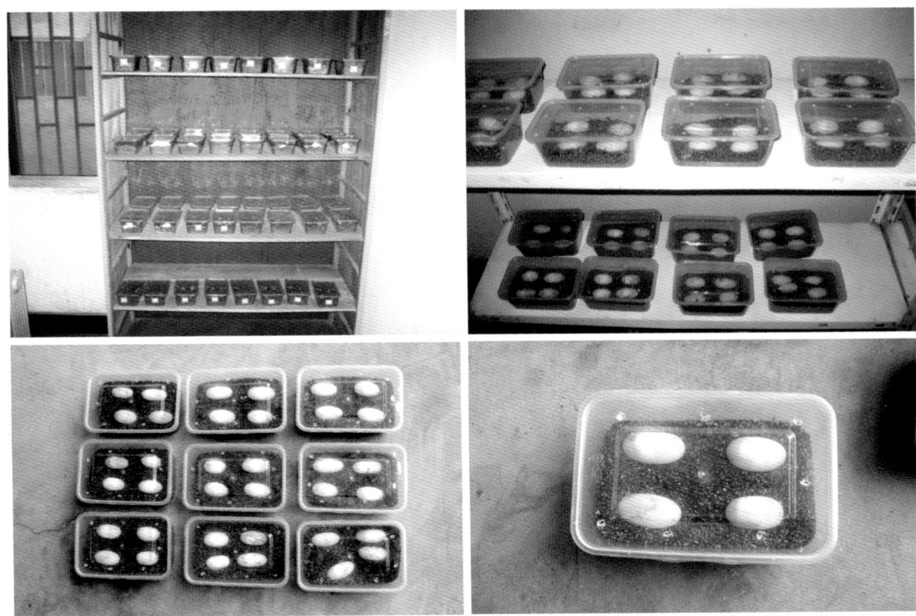

小塑料盒孵化

塑料箱孵化

塑料面盆孵化

塑料盘孵化

4. 用泡沫箱孵化

用泡沫箱孵化

5. 用小水泥池孵化

小水泥池孵化

6. 用孵化机孵化

孵化机孵化

五、孵化管理

龟卵孵化的时间较长，为了保证孵化条件的稳定，必须加强日常管理，决定孵化是否成功的要素是温度、湿度和通气性。每天早、中、晚应检查温度和湿度，当孵化室温度达到35℃以上时，应及时做好通风和降温工作。如恒温孵化，要经常检修设备，防止仪器失灵和停电。在天气晴朗、温度较高时，沙土水分蒸发快，要检查沙土的湿度，湿度用干湿度计测试，保持相对湿度80%左右，如沙土太干要洒水。晴天中午温度较高，应打开窗户通风降温；早晚和雨天要关窗，做好保温和防雨。在孵化过程中，还要防止蛇、鼠、蚂蚁等敌害的侵害。定期检查龟卵的发育情况，剔除孵化期间出现的死坏卵。

受精卵（中）、无精卵（右）和死坏卵（左）

稚龟出壳，一般任其自然出壳。当胚胎发育完成时，稚龟用头和前肢顶破卵壳，从破壳到完全出壳一般要24小时。稚龟出壳后，羊水干涸，卵黄囊缩入体内，腹甲的腹盾与股盾之间有一狭窄的缝隙，这种稚龟比较健康。

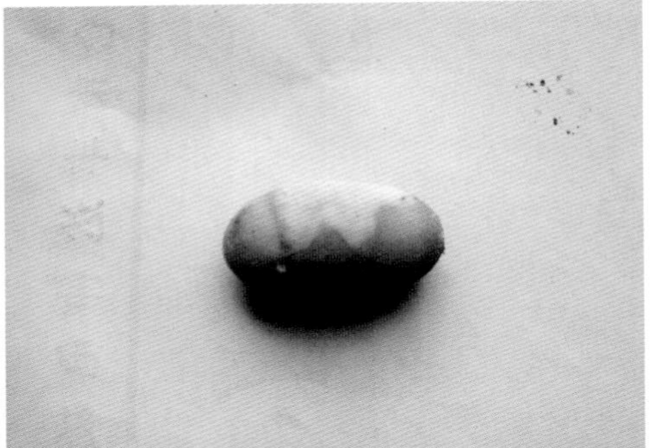
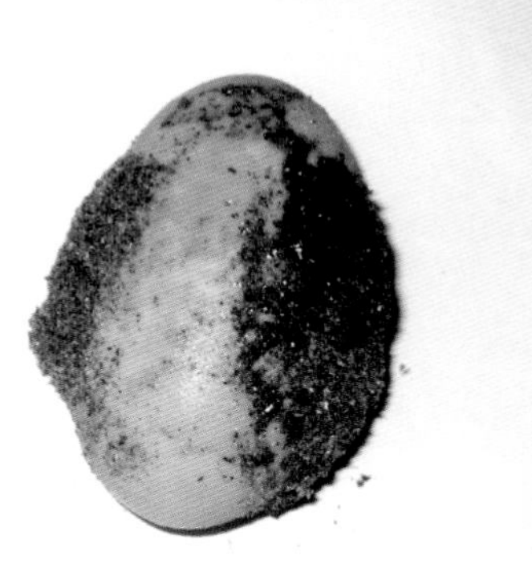

剔除死坏卵

剔除无精卵

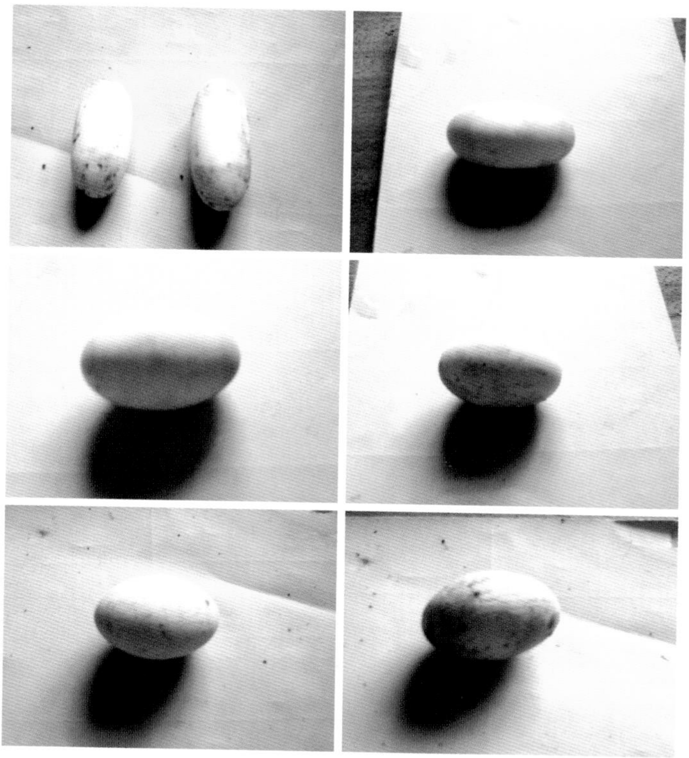

随着孵化天数的增加，龟卵外观发生变化

稚龟破壳过程

稚龟出壳后，腹部留有1个圆形的卵黄囊，这样的稚龟体质弱，要精心照料。可以将稚龟放在洁净的沙土或蛭石中暂养3～5天，待卵黄全部被吸收后再取出。

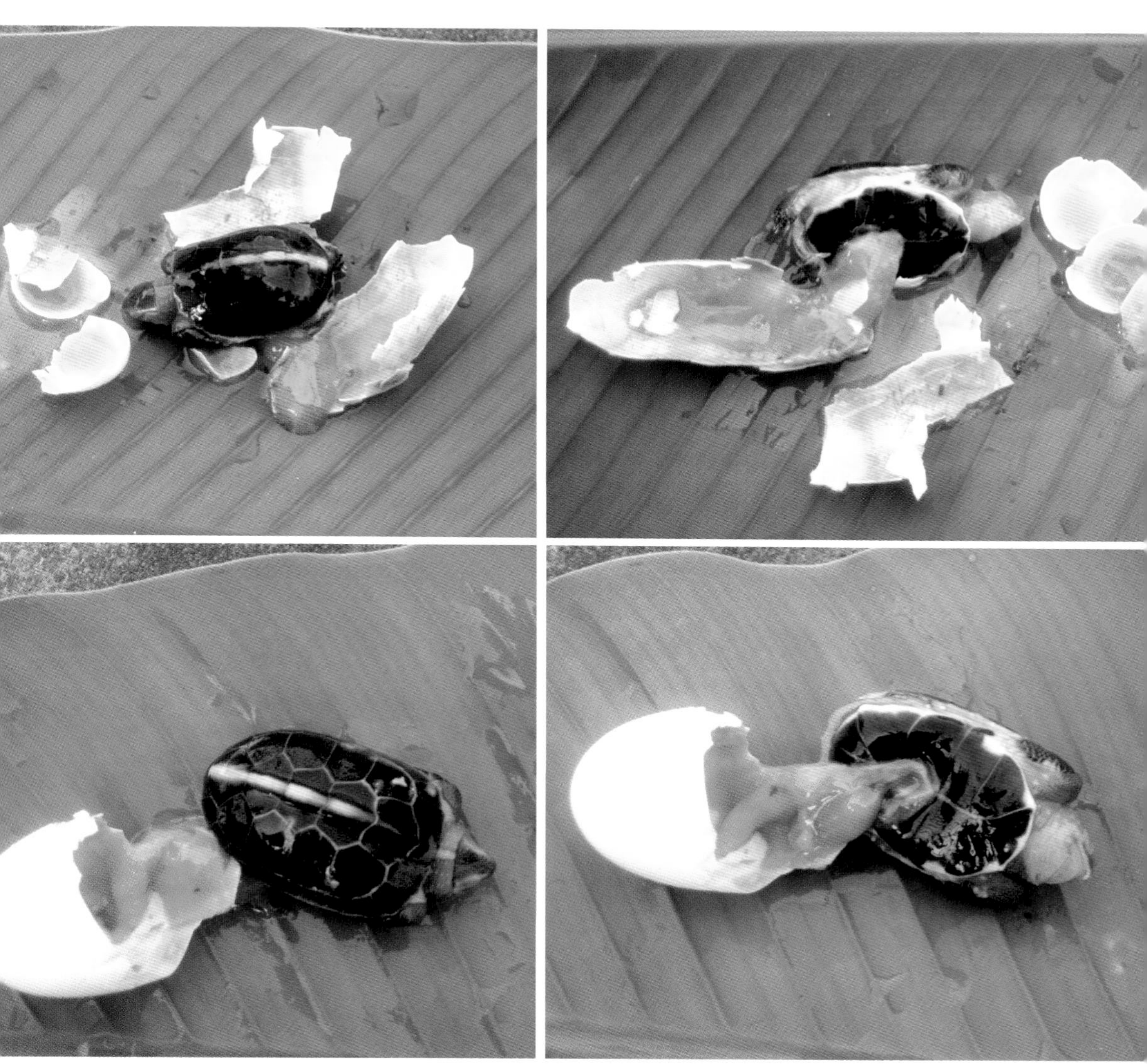

孵化中胚胎死亡

高温导致稚龟提前破壳，龟体小，卵黄囊特别大，死亡率很高。

卵黄囊逐渐吸收的过程

双胞胎稚龟

第十章

稚龟的饲养

ZHIGUI DE SIYANG

黄缘闭壳龟野生种源稀缺，要发展黄缘闭壳龟养殖，主要依靠人工繁殖。黄缘闭壳龟的繁殖率不高，稚龟显得格外珍贵。如果饲养不当，稚龟大量死亡，经济损失惨重。黄缘闭壳龟养殖户，都在努力探索提高稚龟成活率的有效方法。

一、稚龟的暂养

稚龟暂养之前，各种用具和暂养盆都应进行消毒，可用漂白粉、高锰酸钾、食盐等溶液浸洗。刚出壳的稚龟在盆内干养2～3天，待卵黄囊吸收干净，方可移至稚龟饲养池内饲养。暂养盆置于室内，稚龟池一般建于室内，也可建于室外。

稚龟背甲图

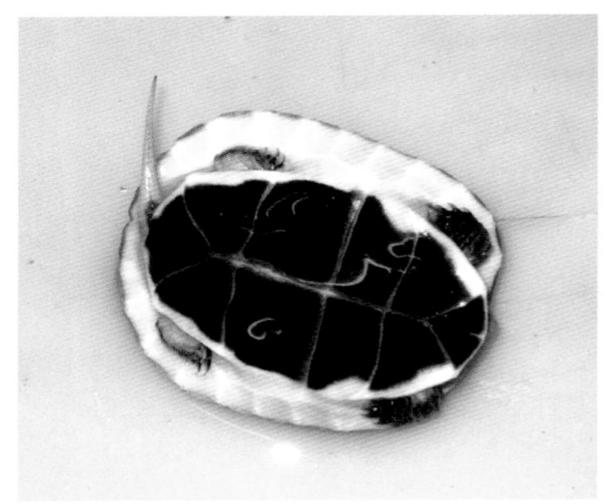

稚龟腹甲图

稚龟侧面图

稚龟头背图

待售的稚龟

二、稚龟的养殖方式

1. 塑料盆、塑料箱养殖

一般养殖户的黄缘闭壳龟种龟少，繁殖的龟苗也少。如果一年繁殖的龟苗只有100～200只，或者只有几十只，可以用塑料盆、塑料箱、收纳箱养殖，投资成本小。盆中放微量水，水深0.5～1厘米，每天换水1次。

塑料盆养殖稚龟

塑料箱养殖稚龟

塑料箱叠放养殖稚龟

2. 小型水泥池养殖

如果一年繁殖的龟苗较多，300～500只，或者更多，那么用塑料盆等养殖工作量大，应建小型水泥池，面积1～2米^2，池底略微倾斜，最低处是排水孔，池中放少量水，水深1～2厘米。池底用瓷砖贴面，可以防止稚龟腹甲磨擦受伤，又便于清扫残饵。

小水泥池养殖稚龟

三、放养密度

黄缘闭壳龟稚龟的放养密度要低些，一般每平方米50只左右。如长宽高分别为44：30：10规格的塑料箱，一般放10～15只稚龟。如果密度高，池内或盆内的水又少，龟的排泄物多，还有残饵的污染，水质很快被污染，稚龟如果饮用了污水，容易患肠道疾病。而且，密度高还会引起咬尾现象。

由于稚龟出壳时间不同，个体大小也有差异，生长速度也有快慢，在饲养了一段时间后，个体之间的差别较大。因此，要及时将规格大小一致的稚龟养在同一池中，以利于摄食和生长。

四、饵料要求

出壳后的稚龟很快有摄食能力，应及时投喂。稚龟的饵料要求精、细、软、嫩、鲜，易消化，营养价值高。一般投喂人工配合饲料和绞碎的瘦猪肉、鱼虾肉、贝类肉和动物内脏。饵料投喂应做到“四定”，即定时、定位、定质和定量，每天投喂1次。饵料投喂量视饲料种类而定，鲜活饵料占稚龟总体重的5%左右，配合饲料3%左右。

五、日常管理

稚龟池一般面积小，水深1～2厘米，池底有倾斜度。由于放养密度高，残饵和排泄物很多，水质极易变坏，产生有毒气体，影响稚龟生长，甚至死亡，所以要经常更换清水。密度高的稚龟池，每天换水2次；密度不高的稚龟池，每天换水1 次。水温对稚龟的生长影响很大，换水时水温差不能超过 3 ℃，否则容易感冒。稚龟在30℃时生长最快，设法使室温恒定在28～32℃。

六、加温饲养

9月下旬以后出壳的稚龟苗，由于自然气温逐渐降低，生长期短，有的稚龟几乎不生长。个体小的稚龟自然越冬有死亡危险，养殖户一般加温饲养。如果数量少，在房屋内建小温室，用电加热，用塑料箱立体养殖或小水泥池养殖。在长江流域，10月中旬气温低，稚龟在自然温度条件下不吃饲料，就可以进温室饲养，室温恒定在28～32℃。至翌年3月下旬停止加温，转入室外饲养，幼龟重量在80～100克。

塑料箱立体加温养殖

立体小水泥池加温养殖

七、自然越冬

8、9月出壳的稚龟，经过2个多月的精心饲养，到11月冬眠时个体重量一般在25～35克，体能较好，自然冬眠比较安全。

但是出壳较晚的稚龟（9月下旬以后出壳的），生长期短，到冬眠前体重很轻（小于15克），体内贮存物质少，对环境的适应能力差，如果越冬管理不慎，稚龟死亡率很高。因此，在越冬前加强饲养管理，投喂的饵料脂肪含量可以略微高些，增强稚龟的体质。

稚龟的自然越冬，一般是在室内。常用的有两种方法：一种方法是将稚龟放在塑料盆、塑料箱和收纳箱中；另一种方法是将稚龟放在小型水泥池中。在箱中或水泥池中，放5～8厘米厚的沙土或蛭石，沙土或蛭石要潮湿松软，手握成团，落地松散。当气温降到12℃以下时，稚龟会逐渐往下钻。在严寒天气，池上加盖保温物，但又要防止室温过高，以免稚龟体内代谢消耗，影响正常冬眠，应将室温控制在2～8℃。

稚龟在塑料盆中的蛭石中冬眠

稚龟在塑料箱中的蛭石中冬眠

塑料箱四周钻孔后叠放

稚龟在水泥池中的蛭石中冬眠

稚龟在水泥池中的沙土中冬眠

第十一章

幼龟和成龟的饲养

YOUGUI HE CHENGGUI DE SIYANG

就人工饲养的黄缘闭壳龟而言，一般将体重40～250克的龟称为幼龟，250～500克的龟称为亚成体，500克以上的龟称为成龟。在自然温度条件下，10多克重的稚龟长到500克以上的成龟，需6年以上。体重500克以上、年龄8年以上的健康龟才可以选作亲龟，用来繁育龟苗。

在长江流域，当年8、9月出壳的黄缘闭壳龟稚龟，经过近2个月的生长，个体重量一般在25～40克，至10月下旬进入冬眠期。第一次冬眠苏醒后，转入幼龟池，进入幼龟的饲养阶段，经过2～3年的饲养，体重可达200～250克；越冬后即进入亚成体龟的饲养阶段，再经过2～3年的饲养，体重可达400～500克；再越冬苏醒后，转入成龟池中进入成龟的饲养阶段。

自然温度生长和冬眠越冬的黄缘闭壳龟幼龟，龟的背甲颜色棕红色，喉颈皮肤橘黄色或橘红色，很漂亮；稚龟冬季加温饲养，生长速度快，到翌年春天，个体重量可达到80～100克，但是龟的背甲颜色棕黑色，喉颈皮肤浅黄色乃至灰白色，观赏价值差。

自然冬眠越冬后的黄缘闭壳龟幼龟（2龄）

自然冬眠越冬后的黄缘闭壳龟幼龟（3龄），背甲盾片年轮清晰

加温饲养的黄缘闭壳龟幼龟，背甲盾片颜色没有光泽，体型扁

加温饲养的亚成体黄缘闭壳龟，背甲盾片颜色棕黑色

经过一个冬季加温饲养的黄缘闭壳龟幼龟

自然冬眠过的幼龟或加温饲养的幼龟，在翌年春季吃过了饲料，这种龟抗病力强，生长速度较快，这种规格的黄缘闭壳龟市场销量最大。

待售的黄缘闭壳龟幼龟

成龟和幼龟的龟池结构、饲养管理基本相同，主要在于控制放养密度、筛选分级、投饵和控制水质等方面。养殖方法多种多样，养殖户根据自己的条件，选择恰当的方法。

黄缘闭壳龟亚成体

太仓丰达种龟场黄缘闭壳龟成龟

一、塑料盆、塑料箱养殖

塑料盆、塑料箱养殖适合龟数量少的养殖户。龟数量多，塑料箱多，喂料换水工作量大。幼龟数量在100只以下，用塑料盆、塑料箱养殖简单方便，投资成本小。

塑料盆养殖幼龟

塑料箱养殖幼龟

塑料箱叠放养殖幼龟

塑料箱养殖成龟

二、小型水泥池养殖

幼龟数量在200只以上，可以用小型水泥池养殖，安装好进水管和排水管，便于日常管理。池底最好用瓷砖贴面，既可防止龟体擦伤，又便于清扫龟池。池底倾斜，最低处为排水孔。龟池上方用木板、水泥板等部分遮阴，供龟躲藏，黄缘闭壳龟怕强光。养殖户根据养龟数量和自己的养殖条件，建设相应数量的龟池。

水泥池养殖幼龟

水泥池养殖亚成体龟

三、生态养殖

养殖黄缘闭壳龟最理想的养殖方法是生态养殖。黄缘闭壳龟能水陆两栖，但是以陆栖为主。通俗地说，黄缘闭壳龟是旱龟。“生山之阴土中”（陶弘景《神农本草经集注》），是说黄缘闭壳龟喜欢在背阴的泥土上生活。黄缘闭壳龟生态幼龟池和成龟池，主要由浅水池、喂料场、花木区和龟窝组成。喂料场为水泥地面，在浅水池旁，与浅水池有斜坡相连；龟窝用砖砌，上盖水泥板、石棉瓦和木板等，龟窝洞口朝向浅水池或花木区；花木区种植果树、花草等，模拟自然生态环境，使龟如同生活在大自然中。

黄缘闭壳龟幼龟个体小，容易受到敌害生物的侵袭，建设一个半封闭或全封闭的养殖小环境，内部分若干个小面积的龟池。

全封闭阳光板采光房养殖黄缘闭壳龟幼龟（太仓丰达种龟场）

黄缘闭壳龟幼龟生态龟池（太仓丰达种龟场）

张骏韬在查看幼龟生长情况

太仓丰达种龟场生态龟池中的亚成体龟

四、日常管理

1. 放养密度

幼龟的放养时间一般在清明前后，当池水温度在15℃以上时进行。放养时对幼龟进行筛选，按不同规格分级饲养，将个体大小基本一致的龟放在同一池中饲养。合理的放养密度，有利于提高养殖池的利用率，有利于提高产量。在常温条件下，每平方米可放养体重50克的幼龟40只，体重100克左右的幼龟30只，体重200克的幼龟20只，250～400克的亚成体龟10～15只，500克以上的成龟5只。

2. 投饵

规格较小的幼龟（50克以下）饲料，要精、细、软、鲜，随着龟体的增长，对饲料的要求相对低些，饲料来源也广一些。幼龟饲料以动物性饵料为主，所喂饵料种类根据当地资源而异。如动物性饵料缺乏，可用人工配合饲料。不论何种饲料，要保证幼龟饲料中的蛋白含量在45%以上，动植物饲料搭配比例为7∶3。6～9月是龟最佳生长期，要抓紧有利时机，投喂充足的饵料，保证营养供应。入秋后，适量增加动物内脏比例，以利于脂肪积累，安全越冬。投饵应做到“四定”原则：定质、定量、定时、定点。

颗粒饲料撒在塑料箱浅水中

黄缘闭壳龟幼龟在吃黄粉虫

3. 水质管理

水质的好坏，直接影响龟的生长速度和对疾病的抵抗力。黄缘闭壳龟虽然不像水龟长时间在水里活动，但也要饮水，高温季节更喜欢在清凉的清水中泡澡。要防止水质恶化，根据水质情况，更换池水。塑料盆、塑料箱和小水泥池养殖幼龟、成龟，最好每天换水1次；生态龟池一般2～3天换水1次。每月给水池消毒1～2次。

4. 控制温度和光照

水温也是影响幼龟生长的主要因素。龟的生长温度是26～32℃，龟在30℃时生长最快，饲料效率最高。因此，要设法使环境温度保持在30℃左右。早春和晚秋季节，在幼龟池上加塑料薄膜保温养殖，延长幼龟生长期。在盛夏高温季节，要采取一些防暑降温措施，在池边种植爬藤植物，在池上部搭建阴棚，遮阴面积占池面积的1/3。

5. 巡视观察

养龟是一项精细的工作，平时应早、中、晚各巡塘1次，主要是观察龟的摄食情况、活动情况，要查看水质、水温，清除残饵，保持饵料场和池水的清洁，检查防害、防逃和防盗措施，发现问题及时解决。

第十二章

常见疾病与防治

CHANGJIAN JIBING YU FANGZHI

在自然界中，黄缘闭壳龟食性杂，耐饥饿，抗病力强。但在人工饲养条件下，抗病力减弱，疾病日益增多。养殖户如果只重视养龟，而忽视龟病防治，想要取得好的经济效益，那是不现实的。黄缘闭壳龟是比较名贵的龟种，价格较高，养龟过程中最大的经济损失是龟的死亡。能否掌握龟病防治技术，是养龟成败的关键环节。

一般说来，龟病发生的原因是环境、龟机体、病原体三个因素相互作用的结果。在不良的环境条件下，病原体滋生，龟体失去了抵抗能力，就会产生疾病。

黄缘闭壳龟平时喜欢钻在阴暗的地方休息，患病很难发现。即使是已经患病的龟，病情不严重，在受到惊吓或被抓捕时，会将头颈、尾巴和四肢缩入龟甲内，腹甲完全闭合于背甲，因而诊断病情十分困难。一旦发现龟在食料场或水池边趴着不动，四肢收缩无力，已经濒临死亡。

在龟病防治方面，只有贯彻“全面预防、积极治疗”的方针，采取“无病先防、有病早治”的积极方法，才能达到减少或避免疾病的发生。在预防措施上要做到改善生态环境，提高机体抗病力，消灭病原体，切断传播途径。

一、红脖子病

【病因】病原体是嗜水气单胞菌，该菌为革兰氏阴性短杆菌。在养殖密度高、水质差、温差大和管理不善的情况下，龟体抗病力下降，极易引起红脖子病。带菌龟及被污染的池水是主要传染源。夏季高温天气和温室中最易暴发该病，且传染快，危害大。

【症状】病龟颈部红肿充血，头颈伸长，收缩困难，龟体消瘦，食欲降低甚至不食。病龟对外界反映敏感性降低，行动迟缓，经常爬上岸，呈昏睡状态。病情严重时，全身红肿，眼睛失明，从口鼻流出血水，头颈无力收缩，死于食料台或岸上。解剖可见口腔、食管和肠胃的黏膜充血，肝脏和脾脏肿胀，有的病龟的肝脏表面呈土黄色或灰黄色。

【防治方法】

（1）龟池使用前，用生石灰、漂白粉等消毒。养殖期间定时消毒、换水，保持水质清洁。

（2）加强饲养管理，增强龟体的抗病能力。

（3）严防病龟混入池中，发现病龟及时隔离治疗。

（4）在此病流行期间，用土霉素、金霉素或磺胺类药物拌入饲料中投喂。每千克龟体重用药0.1～0.2克，1周为一个疗程。

（5）对病龟注射金霉素，按每500克龟体重用量5～10毫克，对病龟进行肌内注射，每天1次，轻者注射1～3次可以治愈。

二、皮肤溃烂病

【病因】龟体表受伤后，在恶劣的环境下，被单胞杆菌、假单胞杆菌等多种病菌侵入而感染。该病流行时间长，7～8月是发病高峰季节，温室饲养的幼龟易患该病。造成龟体表受伤的原因有以下几种：

（1）四肢在坚硬的水泥池底或砖石上摩擦受伤而感染病菌，引起糜烂，爪子脱落。

（2）因患水霉病或白斑病，没有及时治疗，病情加重，引起皮肤溃烂。

（3）大多数龟性情温和，不发生攻击，不伤害同类。但在雌雄交配中，雌龟的颈部经常被雄龟咬伤、咬破，或雄龟为争夺配偶互相攻击而受伤。

（4）在高密度养殖池中，龟体表有伤，有血腥味，会导致健康龟前来撕咬，病情加重，甚至被咬死。

【症状】病龟颈部、四肢、尾部皮肤溃烂、坏死，皮肤组织变白或变黄。病情进一步发展，颈部和四肢的肌肉和骨骼外露，爪子脱落，断尾巴。病龟颈部溃烂露出骨骼，已濒临死亡，无法医治。

【防治方法】

（1）保持水质清洁，在饲养过程中，坚持每周每立方米水体用2～3克漂白粉全池泼洒。

（2）用浓度为0.006%的高锰酸钾溶液浸泡病龟，时间30分钟。

（3）在饲料中加入土霉素、四环素或磺胺类药物投喂，每千克龟体重用量为0.2克，连喂1周。

（4）用浓度为10毫克/千克的土霉素溶液浸浴24小时，每天更换1次药液，连浸5天。

（5）给病龟肌内注射金霉素，剂量为每千克龟体重10～20毫克。

（6）取浓度为1%的龙胆紫药水，均匀地涂抹在病灶上，将病龟离水干放4～5小时，每天1次。

三、腐甲病

【病因】该病的发生与环境恶化、营养不良和饲料腐败有关。该病大多数因龟甲破损，导致细菌感染所致。水质偏酸或水质严重污染，也容易引发该病。

【症状】龟背腹甲的某一块或数块盾片接缝处呈红色，逐渐发生溃疡，腐烂发黑，有时腐烂成缺刻状，盾片脱落，骨板和肌肉外露。病轻者一般不会死亡，如不及时治疗，病情加重，病菌侵入体内，引起内脏器官病变，导致死亡。

腐甲病是严重危害龟的一种传染性疾病，传染性强，流行面广，流行时间长，常与腐皮病、疖疮病并发，发病率高。早期治疗，治愈率高。

【防治方法】

（1）放养密度适中，龟池底部、斜坡要光滑，避免龟甲磨损，引发龟甲病。

（2）保持水质清洁，调节pH呈中性。

（3）将病龟隔离饲养，用双氧水或酒精擦洗病灶部，将溃烂处的污物剔除，再涂上适量的高锰酸钾结晶粉，离水干放。

（4）用1%浓度的雷佛奴耳溶液涂抹病灶。

（5）用浓度为0.006%的高锰酸钾溶液浸泡病龟，时间为30分钟。

（6）每500克龟体重肌内注射卡那霉素5～10毫克。

（7）投喂新鲜、营养丰富的优质饲料，在饲料中添加维生素E粉。

四、水霉病

【病因】病原为水霉菌和绵霉菌等多种真菌。菌丝一端像根样附着于龟体的损伤处，分支很多，深入皮肤和肌肉，称为内菌丝，它从龟体吸收营养；其他大部分菌丝伸出龟体外，称为外菌丝，形成肉眼能看见的灰白色棉絮状物。

水霉菌科真菌适应能力强，水温在13～18℃时迅速繁殖生长。龟体受伤，容易感染水霉菌。

【症状】病龟龟甲、头颈、四肢沾有灰白色的棉状物，当沾上污物时，呈褐色。病情严重时，龟体全部被水霉菌覆盖，使龟体负担加重，行动迟缓，食欲减退甚至拒食，影响龟的正常发育。该病主要危害稚龟、幼龟，不及时治疗，会导致大批量死亡。成龟、亲龟也感染，因抗病力强，死亡较少。

【防治方法】

（1）加强饲养管理，提高龟体抗病力，捕捉、放养、运输时应谨慎操作，勿使龟体受伤。

（2）用60～80毫克/升的聚维酮碘，浸浴20分钟，每天1 次，连用3天。

（3）用0.1%的高锰酸钾溶液清洗龟体表，或用0.01/%的高锰酸钾溶液浸泡24小时。

（4）将装病龟的容器置于太阳下晒，或置于灯泡下烘，直至龟体表水霉菌死亡。但要注意观察病龟，灵活掌握时间。

（5）用1%食盐和小苏打合剂浸泡龟体，每天1次，每次30分钟。

（6）加温养殖，水温在25℃以上，不发生水霉病。

五、脐孔炎

【病因】稚龟的卵黄囊没有完全吸收，腹甲没有完全愈合，有个小孔，民间俗称“脐孔”。稚龟刚出壳，脐孔未愈合，容易感染细菌而发炎致死。该病为稚龟出壳后易患的疾病，如不及时治疗，死亡率较高。

【症状】稚龟的卵黄囊没有完全吸收，细菌感染而化脓。

【防治方法】

（1）刚出壳的稚龟，应在5毫克/升的高锰酸钾水中饲养，每天换水 1 ～ 2 次。

（2）脐孔未愈合的稚龟，用0.5%的食盐溶液浸泡10～20分钟，每天浸泡1～2次。

（3）在脐孔处涂抹龙胆紫药水，干放于暂养盆中，每天换水1次，时间2小时左右，待龟体晾干后再涂抹药水。

六、肠胃炎

【病因】大肠杆菌是该病的病原体。该病主要是由于龟吃了腐败变质以及粪便污染的饲料所致，稚龟、幼龟尤其容易患病。环境变更，空气污浊，池水不洁，温差太大，饲料变换，龟抗病力下降，均可导致该病的发生。

一年四季均可发病，夏季高温季节发病率最高。

【症状】病龟精神不振，食欲减退，目光呆滞，爬行缓慢。粪便红褐色，不成型，严重时腹泻下痢。泄殖腔口松弛，轻轻触摸泄殖腔口，龟因疼痛而挣扎。病龟日趋消瘦，最后衰竭死亡。

【防治方法】

（1）龟池内外环境保持清洁，经常清洗食料场，更换池水，定期消毒，预防病菌媒介传播。每立方米水体用浓度为0.5～0.8克的强氯精全池泼洒。

（2）用土霉素药液浸浴病龟，用量为50～100毫克/升，每天1次，每次1～2小时，连用3天。

（3）病龟按每500克龟体重腹腔注射5～10毫克庆大霉素。

（4）在龟饲料中添加磺胺脒，用量为每千克龟体重0.2克。

七、疖疮病

【病因】病原为点状气单胞菌点状亚种。水质恶化、营养不良或投喂了腐败的饲料，易患该病。该病常与腐甲病、腐皮病并发。

【症状】病龟颈部、四肢、四肢窝和尾基部长出1个或数个黄豆大的白色脓包，周围充血，逐步扩大，向外凸出，最终破裂。用手挤压，可挤压出腥臭的浅黄色颗粒或脓汁状内容物。如不及时治疗，病情加重，病龟停食，龟体消瘦，疖疮溃烂，露出肌肉，会使其他龟前来撕咬。病菌侵入伤口，扩散到全身，加速死亡。

【防治方法】

（1）龟池经常换水，定期消毒，改良水质，每立方米水体用2克漂白粉进行消毒，每周1次。

（2）将病龟放入0.1%浓度的利凡诺溶液中浸泡30分钟，每天1次。

（3）发病高峰期，每立方米水体用土霉素粉40克，每2天换水投药。

（4）给病龟注射氟苯尼考，剂量为每千克龟体重5～10毫克。

（5）用镊子挑出硬疖颗粒，挖出豆腐渣样物，在伤口涂上龙胆紫药水，干放数小时，再将龟放入水中。

（6）清洗伤口后，涂上红霉素软膏。

八、脂肪代谢不良症

【病因】当给龟投喂了变质脂肪的饲料或脂肪含量较高的饲料后，就会导致变质脂肪在龟体内大量存积，引起代谢机能失调，引起病变。该病对食欲旺盛的成龟、亲龟危害严重，发病高峰时期是6～9月。

【症状】病龟颈部、四肢肿胀，皮下出现水肿，四肢肌肉缺乏结实感，行动迟缓。病重者食欲减退甚至拒食。病龟在水中半沉半浮，病重者浮于水面。病龟厌水，常离水上岸。解剖可见，脂肪组织由白色变成黄色或黄褐色，肝脏肿胀，并有黑色斑块，骨骼软化，腹腔有积水，并有恶臭味。

【防治方法】该病靠早期预防，病重者无法医治。

（1）动物内脏投喂应适量，在饲料中添加植物性饲料。

（2）保持饲料新鲜，不投喂腐烂变质的饲料。

（3）高温天气早晚喂饵，及时清洗残饵，保证池水清洁。

（4）在饲料中添加维生素E，既能防止饲料中蛋白质和脂肪被氧化变质，又可促进龟的性腺发育。添加量为饲料总量的0.5%，每天1次，连喂15天。

九、萎瘪病

【病因】

（1）饲养密度过高，弱小的龟遭挤压，常吃不到足够的饲料。

（2）营养不良，饲料中缺乏某些营养成分。尤其是稚龟在室内加温饲养下，缺乏光照，引起缺钙。

（3）龟肠道有寄生虫，影响龟对营养的吸收。

（4）龟池中残饵、排泄物过多，龟中毒拒食，引起萎瘪现象。

【症状】病龟形体消瘦干瘪，背腹甲软化，常缩头缩颈，不喜活动，反应迟钝。食欲减退，最后不食，生长缓慢或停止，体轻，在水池中常漂浮于水面。该病主要危害50克以下的幼龟、稚龟。该病应早期预防，病重后很难恢复，最后因萎瘪消瘦而死亡。

【防治方法】

（1）分级饲养，放养密度适宜。将病龟集中在小池（或容器）中，投喂蛋黄、瘦肉糜、蚯蚓和黄粉虫等动物性饵料。

（2）饵料营养要全面，应投喂有多种营养的混合饲料，要添加矿物质和复合维生素。

（3）如龟池缺乏光照，应设法每天使龟在太阳下曝晒2～4小时。

（4）如龟缺钙，可在饲料中添加适量鱼肝油或乳酸钙、葡萄糖酸钙，也可以加喂骨粉、贝壳粉等。

十、肺呛水与窒息

【病因】龟喜群居，饲养密度过高，体弱的龟长时间被叠压在水中，也会导致呛水。

25克以下的稚龟，易肺呛水与窒息。在高温季节气压低的情况下，水中溶氧减少，也会引起成龟、亲龟窒息。冬季加温饲养，温度过高，氨气太多，氧气不足，龟易窒息死亡。

【症状】病龟外形水肿，尤其是颈脖粗大，头颈伸直或上仰，轻者还张口呼吸。解剖可见肺充水，体积增大，血液因缺氧呈紫黑色。

【防治方法】

（1）平时，水池水位应基本固定，切忌过深，池中斜坡、饵料台、晒甲台与水平面的夹角要小（10°～15°），有利于龟爬行。

（2）在闷热天气，应更换池水或加注清水，开启增氧机或施放增氧剂。

（3）对症状轻的龟，可将龟头朝下，使龟四肢有节奏地伸缩，使其肺中水流出，然后置于通风阴凉处，使其逐渐恢复苏醒。

十一、中暑症

【病因】在高温季节（气温35℃以上），露天龟池由于没有采取防暑降温措施，水温升高，龟无处躲阴而中暑。

【症状】龟的食欲减退乃至拒食，头、四肢和尾巴伸出壳外，无力缩回。轻者行动迟缓，爬动无力；重者不能爬动，最终昏迷死亡。

【防治方法】养殖场周围环境要清凉通风，在龟池上方搭建遮阴棚遮挡阳光，龟池要加深水位，以降低水温。如少量饲养，可将龟搬入阴凉室内饲养。如果发现龟中暑，立即将病龟移到阴凉处，让龟渐渐苏醒。

十二、冬眠期死亡

【病因】

（1）龟越冬前营养不良，体质较差，在低温环境下，抗病力低，导致死亡。

（2）龟有伤残症状没有发现和及时治疗，导致病龟病情日趋严重，抗逆能力差，在低温环境下死亡。

（3）龟冬眠期间，没有做好防寒保温工作，使龟受冻死亡。

（4）亲龟产卵后体质下降，营养未及时得到补充，加上越冬环境不适，在低温下引发该病。

（5）当年孵化出的稚龟，尤其是10月出壳的稚龟，在自然条件下越冬易死亡。

【症状】病龟一般体弱消瘦，体轻，四肢肌肉较少，四肢窝深陷，在早春就出水或出窝活动，喜欢晒阳光，不食，最后衰竭死亡。如果受冻伤，龟表皮溃烂，呈不规则的疮斑，腹甲有红斑。

【防治方法】

（1）在龟冬眠前1～2个月，对龟加强饲养管理，投喂新鲜的动物性饵料。可增加投喂脂肪含量高的饵料，如动物内脏，使龟储备足够的能量供冬眠期消耗。

（2）对龟的越冬环境进行消毒，杀灭病原体。

（3）对将越冬的龟逐只检查，发现体弱、伤残、有病状的龟应挑出，另外饲养。

（4）严寒季节，做好防寒保温工作。

十三、生殖器外露症

【病因】该病是一种雄性假性早熟现象，饲料中添加剂使用不当，龟体内雄性激素过高，导致龟体内分泌失调。该病主要发生在加温饲养的龟群中，病龟体重在100～200克的占多数。

【症状】已性成熟的健康雄龟，在繁殖季节交配时，阴茎外露与雌龟交配，交配结束后阴茎缩入泄殖腔内。病龟阴茎外露后不能及时缩回，伸出体外2～5厘米，被其他龟咬伤或被异物擦伤，泄殖腔和生殖器红肿发炎，继而组织坏死，呈乳白色或黑色。

【防治方法】

（1）投喂不含人工激素的配合饲料，多喂新鲜的动物性饵料。

（2）对病情严重的龟进行切除手术。用医用缝合线将位于泄殖腔孔处的阴茎扎紧，再用手术刀切除扎线以外部分，用医用酒精或碘酒消毒伤口，然后松开扎紧的线，阴茎剩余部分缩回体内。手术后的龟离水静养，在饲料中添加抗生素类药物，或肌内注射硫酸链霉素，以防细菌感染。

十四、伤残

【病因】

（1）龟池底部、斜坡不光滑，龟的腹甲磨破，盾片脱落，露出骨板，四肢掌部皮肤磨破。如不及时治疗，易感染病菌，引起多种疾病。

（2）日常管理和操作不慎，如稚龟易被器物压伤；在搬运龟时，龟从器具中爬出，跌落下来而受伤。

（3）龟喜叠罗汉，有的攀援池壁想逃跑，偶尔也会从空中跌落而受伤。因跌落受伤的龟，一般是龟甲破损或后肢瘀血肿胀。

（4）饲养密度太高，龟又饥饿，弱小龟的四肢（掌部）、尾巴被其他龟咬掉。

（5）在冬眠期，龟的四肢和尾巴被老鼠吃掉。

【症状】龟的头颈、四肢、尾巴、背腹甲有创伤或残缺。

【防治方法】

（1）水泥池池底和斜坡必须光滑，斜坡不能太陡，斜坡和水平面的夹角应小于30°。

（2）池壁光滑，使龟无法攀援逃脱，日常管理和操作谨慎小心。

（3）定期分级饲养，饲养密度要适宜。

（4）定期灭鼠。冬眠期在龟池上部用木板或铁丝网盖住，严防老鼠侵入。

黄缘闭壳龟的其他常见疾病可以参阅《养龟与疾病防治》，张景春编著，中国农业出版社出版，2014年1月第2版。

第十三章 龟的敌害与防御

GUI DE DIHAI YU FANGYU

龟肉营养丰富，味道鲜美，龟常遭到敌害生物侵袭。龟的敌害很多，大到哺乳动物，小到蚂蚁、蚊子，都会对龟造成严重危害。

一、龟的敌害生物

蚊子在夏天叮咬龟的头颈部、四肢窝部，引起许多肿块。蚊子传播疾病，被蚊子严重叮咬的龟，易感染疾病，导致死亡。

蚂蚁的嗅觉特别灵，在龟产卵期间，腐败的龟卵可吸引蚂蚁在产卵场筑巢定居。当稚龟刚破壳，脐带尚未脱落，未从穴中爬出时，龟体上的血腥味会吸引周围的蚂蚁而被咬死。

青蛙和蟾蜍喜欢吞食稚龟，稚龟甲壳柔软，活动能力差，自身难以抵御敌害的侵袭。

蛇能吞食龟卵和稚龟，一次能吞食十多枚龟卵或十多只稚龟，尤其是水蛇，对龟的危害很大。

水禽中的鸭、鸬鹚，飞禽中的白鹭、灰鹭、红嘴鸥等，会危害稚龟、幼龟；鹰、鸢还会危害成龟。

黄鼠狼能吃掉稚龟、幼龟，对成龟的偷袭很凶残，成龟的头颈先被咬断，再吃内脏。

老鼠除了会掘土吞食龟卵，还会成群结队窜入龟池，袭击稚龟、幼龟，以及行动迟缓的成龟。老鼠会不断地将数个稚龟叼到鼠窝中当“储备粮”，慢慢享用。冬季龟冬眠中，毫无抵抗力，老鼠会撕咬龟四肢和四肢窝，乃至吃掉龟的内脏，留下一个龟甲。

二、防御措施

（1）孵化池四周建防蚁沟，注水5厘米深，防止蚂蚁危害龟卵。

（2）养龟场四周砌围墙，堵绝鼠、蛇等敌害的通道。养龟场内部环境整洁，使敌害无藏身之地。

（3）在龟池上加盖金属网，防止鸟类和兽类的危害。夏秋季节，在稚龟池上罩上尼龙纱网，以防止蚊子叮咬。

（4）养龟池内种植葡萄等爬藤植物，建造龟窝，给龟提供隐避处，使飞禽不易发现。

（5）在有蚂蚁的地方，喷洒低浓度的敌百虫或乐果，杀死蚂蚁。

（6）在养殖场周围，用鸡、龟、鳖作诱饵，用活动夹子诱捕黄鼠狼。

（7）在老鼠出没的地方，安放灭鼠药毒杀老鼠，或用夹子、笼子诱捕老鼠。

被老鼠咬死的黄缘闭壳龟稚龟

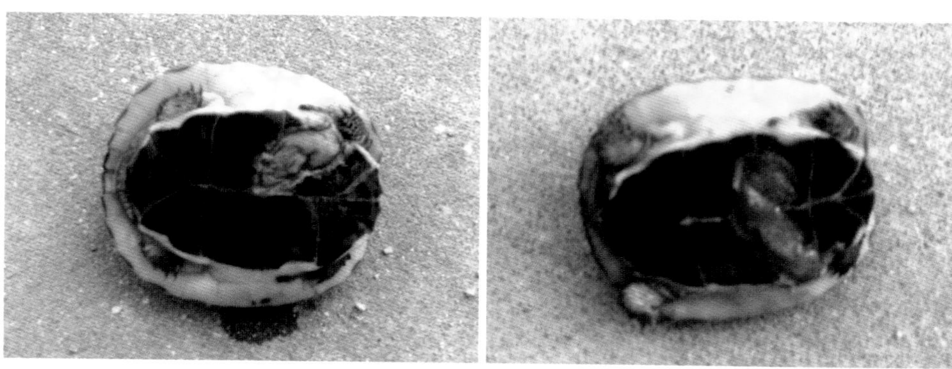

被老鼠咬伤的黄缘闭壳龟稚龟

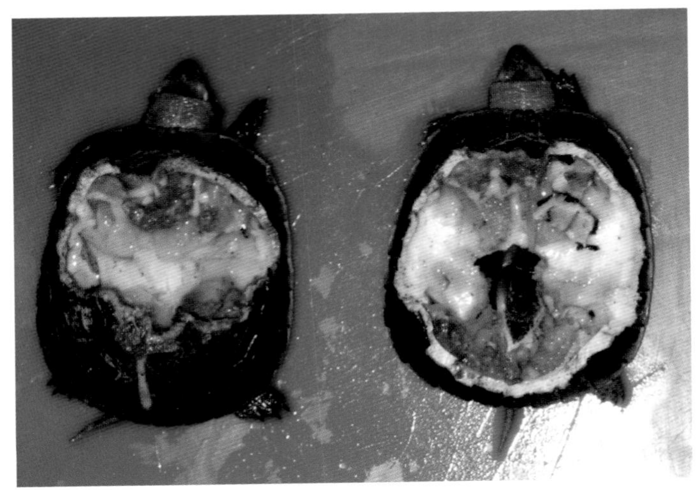

被老鼠咬死的黄缘闭壳龟幼龟

附录　无公害农产品　黄缘闭壳龟养殖技术规程
（DB 3205/T 123—2006）

1　范围

本标准规定了无公害农产品黄缘闭壳龟的术语和定义、稚龟养殖、幼龟养殖、成龟养殖和亲龟繁育技术。

本标准适用于在常温条件下黄缘闭壳龟的养殖。

2　规范性引用文件

下列文件中的条款通过本标准的引用而成为本标准的条款。凡是注日期的引用文件，其随后所有的修改单（不包括勘误的内容）或修订版均不适用于本标准，然而，鼓励根据本标准达成协议的各方研究是否可使用这些文件的最新版本。凡是不注日期的引用文件，其最新版本适用于本标准。

GB 11607　渔业水质标准

GB 13078.1　饲料卫生标准　饲料中亚硝酸盐允许量

GB 13078.2　饲料卫生标准　饲料中赭曲霉毒素A和玉米赤霉烯酮的允许量

NY 5071　无公害食品　渔用药物使用准则

3　术语和定义

下列术语和定义适用于本标准：

3.1　稚龟

当年从龟卵中孵出至体重40g以内的龟。

3.2　幼龟

体重在40g～250g的龟，2龄～3龄。

3.3　成龟

体重在250g以上的龟，4龄以上。

3.4　亲龟

体重在400g以上，具有繁育能力的成龟。

4　环境条件

4.1　水源

水源充足，水质良好，无污染。

4.2　水质

符合GB 11607和NY 5051要求。

4.3 光照

晴天时，保证龟池每天有4h～6h的光照时间。

4.4 安静

龟池周围环境保持宁静。

5 稚龟养殖

5.1 养殖池建设

一般以室内水泥池为宜。长方形，长宽比2：1，面积1m²～2m²，池高30cm，排水口低于池底3cm～5cm，池坡“厂”字形，内侧角80°。保持池面积1/4的水深1cm。用板块做成龟窝，供龟躲藏。

5.2 培育用水

水源水质符合GB 11607—1989的规定。

5.3 养殖前的准备

5.3.1 消毒

对各种用具和养殖池（盆）进行消毒，用5mg/L～10 mg/L的漂白粉或20mg/L的高锰酸钾浸泡1d，然后用清水冲洗干净。

5.3.2 暂养

刚出壳的稚龟用0.3%食盐水或1mg/L高锰酸钾浸洗10min，然后放在消毒过的水盆中暂养1d～2d，待卵黄吸收干净，卵黄囊脱落后方可移到稚龟池内养殖。

5.4 放养密度

一般30只/m²～40只/m²。

5.5 养殖管理

5.5.1 饵料投喂

5.5.1.1 饵料种类

熟蛋黄、丝蚯蚓、黄粉虫、瘦猪肉、鱼肉、贝类肉、动物的肝肾等内脏，或用全价龟配合饲料等。配合饲料要符合GB 13078.1和GB 13078.2的规定。

5.5.1.2 投饵方法

12g以下的稚龟喂以熟蛋黄、丝蚯蚓、全价稚龟开口饲料。

12g以上的稚龟可投喂人工配合饲料和绞碎的瘦猪肉、鱼肉、贝类肉、动物内脏、黄粉虫等。

每天投喂2次，定时、定位、定质、定量。

5.5.1.3 投饵量

鲜活饵料占稚龟总体重的5%左右，配合饲料占稚龟总体重的3%左右。

5.5.2 水质管理

每天换水1次～2次，换水时水温温差不能超过±3℃。

5.5.3 筛选分养

出壳稚龟养到一个月后，每个月筛选一次，将规格大小一致的稚龟养在同一池中。

5.5.4 稚龟越冬管理

当室外气温降至12℃时，将室外的稚龟转入室内稚龟池中。池内铺上10cm～20cm的洁净沙土，洒适量清水，使沙土潮湿，稚龟钻入沙土中冬眠。养殖密度100只/m^2。室温保持在5℃～8℃。

6 幼龟养殖

6.1 幼龟池建设

一般建在室外，水泥池、土池均可。龟池面积5m^2～10m^2。长方形，长宽比2∶1，池高40cm，水深2cm。在龟池一角建一个沙坑。

土池结构的龟池，池内适量种植低矮的冠状形花木，供龟乘凉、隐蔽。水泥结构龟池上部要有遮阴设备，遮阴面积占龟池面积的1/3。

6.2 水质

水源水质符合GB 11607的规定。

6.3 龟种放养

6.3.1 时间

幼龟的放养时间一般在清明以后，气温超过15℃时进行放养。江苏地区一般在4月中旬放养较为适宜。

6.3.2 密度

体重30g/只～50 g/只的幼龟放25只/m^2；体重50g/只～150g/只的幼龟放20只/m^2；体重150g/只～250g/只的幼龟放8只/m^2～10只/m^2。

6.4 养殖管理

6.4.1 饵料投喂

6.4.1.1 种类

投喂人工配合饲料和绞碎的瘦猪肉、鱼肉、贝类肉、动物内脏、黄粉虫、西红柿、西瓜等。配合饲料要符合GB 13078.1、GB 13078.2的规定。

6.4.1.2 投饵方法

每天投喂1次，夏季17:00～19:00，春秋季15:00～17:00，投放在水位线上侧。

鲜活饵料占龟体重的5%，配合饵料占龟体重的3%。

动植物饵料比例7：3，蛋白质含量45%～50%。

6.4.2　换水

夏季每天换水1次，春秋季2d～3d换水1次。污水全部排除后，清扫水池，然后添加新水。

6.4.3　巡塘

早、中、晚各巡视一次，观察龟的摄食、活动情况。

6.5　病害防治

6.5.1　预防

保持良好的生态环境，投喂优质新鲜的饵料。每两周一次如用漂白粉等含氯制剂溶液泼洒饲料台和水池进行消毒，然后用清水冲洗干净。

6.5.2　治疗

发现疾病及时诊断，对症用药。药物使用符合NY 5071的规定，常见病治疗见附录。

7　成龟养殖

7.1　成龟池建设

一般为土池结构，长方形，东西向，面积$20m^2$～$50m^2$，池四周用砖砌50cm高的防逃墙。池内砌一浅水池，面积$2m^2$～$4m^2$，水深保持3cm～5cm；再建一个沙坑，面积$5m^2$左右，其余空地上适量种植低矮的冠状形花木，供龟乘凉、隐蔽。绿化遮阴面积占龟池面积的1/3。

7.2　水质

水源水质符合GB 11607的规定。

7.3　龟种放养

7.3.1　放养时间

一般清明前后，气温12℃以上时放养。

7.3.2　放养密度

5只/m^2～10只/m^2。

7.4　养殖管理

7.4.1　饵料投喂

7.4.1.1　种类

投喂人工配合饲料和绞碎的瘦猪肉、鱼肉、贝类肉、动物内脏、黄粉虫、西红柿、西瓜等。配合饲料要符合GB 13078.1、GB 13078.2的规定。蛋白质含量在40%～45%。

7.4.1.2　投喂量

以投喂后2h左右吃完为宜，投喂量为龟体重的3%～5%。

7.4.1.3　投饵方法

按6.4.1.2执行

7.4.2　换水

高温季节每天换水一次，春秋2d～3d换水一次。排除污水，清扫水池，然后添加新水。水温差不超过5℃。

7.4.3　巡塘观察

早、中、晚各巡视一次，观察龟的摄食、活动情况。

7.5　病害防治

按6.5执行。

8　亲龟养殖

8.1　亲龟池建设

一般为长方形，东西向，面积20m^2～100m^2，土池结构。在池内砌一浅水池，面积2m^2～4m^2，水深保持5cm左右；再建一个产卵场，放置沙土，厚度10cm～20cm。产卵场高出池底15cm，面积根据母龟数量确定，按每个母龟0.1 m^{2}计算产卵场面积。池四周用砖砌50cm高的防逃墙。池内产卵场外适量种植低矮的冠状形花木，供龟乘凉、隐蔽。绿化遮阴面积占龟池面积的1/3。

8.2　水质

水源水质符合GB 11607的规定。

8.3　亲龟放养

8.3.1　时间

一般在清明前夕，气温15℃左右放养。苏州地区一般在3月下旬放养。

8.3.2　密度

5只/m^2。

8.4　养殖管理

8.4.1　饵料投喂

8.4.1.1　饵料种类

投喂人工配合饲料和绞碎的瘦猪肉、鱼肉、贝类肉、动物内脏、黄粉虫、西红柿、西瓜等。配合饲料要符合GB 13078.1、GB 13078.2的规定。蛋白质含量在40%～45%。

8.4.1.2　投喂量

以投喂后2h左右吃完为宜，投喂量为龟体重的3%～5%。

8.4.2　水质管理

高温季节每天换水一次，春秋2d～3d换水一次。排除污水，清扫水池，然后添加新水。温差不超过5℃。

8.4.3　巡塘观察

早、中、晚各巡视一次，观察龟的摄食、活动情况。

8.5　病害防治

按6.5执行。

9　龟卵的孵化

9.1　龟卵的收集

在龟产卵期间，5月中旬至7月下旬，每天巡视产卵场，发现卵穴，卵不要立即取出，待1天后胚胎固定，再收集龟卵。收卵时可用收卵盘或塑料面盆，底部铺一层1cm～2cm厚的细沙。

9.2　受精卵的确定

在室温26℃～35℃的条件下，24h后，对光观察，受精卵内部红润，龟卵长轴中部出现一长形白色区域，即胚胎；未受精卵内部较浑浊，在卵中部不出现白色的动物极，或有不规则的白色斑块，也不向两边扩张。

9.3　孵化的生态因素

9.3.1　温度

沙床温度应保持在28℃～32℃。

9.3.2　湿度

沙土的含水量控制在6%～12%。用手掌握紧沙土，沙土成团，松手后沙土落地，松散不成团，表明湿度适当。

9.3.3　沙质

取六成中沙，四成细沙混合而成。

9.4　孵化方法

9.4.1　孵化箱孵化

9.4.1.1　孵化箱制作

孵化箱用木板制成，一般长60cm～80cm，宽40cm，高20cm，箱底钻几个滤水孔，每箱排放龟卵50枚～100枚。如龟卵少，可用现成的盆、桶替代。

9.4.1.2　孵化前准备

孵化前将孵化箱清洗、曝晒。用瓦片垫好底部滤水孔，铺上3cm厚的粗沙，再铺上3cm厚的混合沙，龟卵平放，龟卵间距1cm，在上部盖上2cm的混合沙。

9.4.1.3　孵化

龟卵按一定顺序排列，并做好标签，然后在孵化箱上盖玻璃，箱内放温度计。箱内温度保持28℃～32℃，70d～80d能孵出稚龟。

9.4.2　恒温箱孵化

用塑料盘和搪瓷盘作孵化盘，在盘底部铺上2cm～3cm的沙土，排放上龟卵，然后再盖上2cm～3cm厚的沙土，放入孵化架上，温度控制28℃～32℃，相对温度80%，70天左右可孵出小龟。

9.5　孵化期管理

每天早、中、晚检查温度和湿度，温度达到35℃以上时，做好通风和降温、遮荫等工作。恒温孵化，经常检修设备，防止仪器失灵和停电。在孵化过程中，防止蛇、鼠等敌害的侵害。

9.6　稚龟的收集

稚龟一般任其自然出壳。然后将稚龟放入盛有0.3%食盐水的盆中消毒10min，再移入暂养池饲养。

主要参考文献

陈碧辉, 李炳华. 1979. 黄缘闭壳龟生态资料[J]. 动物杂志 (1): 22–24.

顾博贤. 2006. 龟文化大典[M]. 北京：中国文联出版社.

顾博贤. 2011. 珍稀黄缘[M]. 北京：中国文联出版社.

黄正一, 宗愉, 马积藩. 1998. 中国特产的爬行动物[M]. 上海：复旦大学出版社.

张景春. 2014. 养龟与疾病防治[M]. 2版. 北京：中国农业出版社.

张孟闻 , 宗愉, 马积藩. 1998. 中国动物志—— 爬行纲[M]. 北京：科学出版社.

中华人和国濒危物种进出口管理办公室. 2002. 常见龟鳖类识别手册[M]. 北京：中国林业出版社.

周婷, 李丕鹏 . 2013. 中国龟鳖分类原色图鉴[M]. 北京: 中国农业出版社.